실용디지털공학

–기초에서 회로설계까지–

원규식 · 배영호 · 전재일
임양구 · 김태원 공저

도서출판 상 학 당

머리말

21세기의 우리들의 삶은 급변하는 기술개발의 문명화된 시대에 살고 있으며 최근 화두가 되고 있는 융합의 테크놀로지가 새로운 트렌드로 변모하는 디지털 시대의 중심에 우리 공학도가 책임의식을 느끼며 경쟁의 자리에 서게 되었다.

디지털공학은 시대의 변천에 따라 끊임없이 발전하고 있으며, 더욱이 최근에 초고밀도 집적회로 설계 및 제조기술이 개발되면서 모든 산업 분야에 걸쳐 디지털공학이 사용되게 되었고 그 중요성 또한 지대한 위치를 차지하게 되었다.

따라서 전기, 전자, 자동화, 기계, 항공, 우주, 메카트로닉스, 플랜트의 모든 기술 분야가 꼭 알아야 하는 학문적 영역이 바로 디지털공학이다.

그러므로 이 책은 이런 모든 관련 분야의 공학도 및 현장기술자들이 이해하고 알기 쉽게, 기본적 원리부터 산업 분야에서 실용 및 응용력이 가능하도록 단원을 편성하였을 뿐 아니라, 현장에서의 공정이나 기계장치 및 생산라인에서 적용할 수 있는 회로의 설계를 할 수 있도록 단원의 끝부분에 기본적 논리소자의 동작원리와 논리식, 그리고 KARNAUGH MAP의 활용을 통한 설계의 과정을 첨부하였으니, 현장에서의 응용에 큰 도움이 되리라 사료된다.

단원편성으로는 제1장 디지털의 개요, 제2장 수의 체계와 진수 변환, 제3장 디지털 코드 관련, 제4장 불 대수와 논리 게이트 관련, 제5장 논리함수의 간략화, 제6장 기본 연산회로, 제7장 조합 논리회로, 제8장 FLIP-FLOP, 제9장 D/A와 A/D 변환회로, 제10장 반도체 메모리와 레지스터, 제11장 COUNTER, 그리고 마지막으로 회로 설계의 과정과 실제로 동작을 실험할 수 있도록 회로 설계의 완성 도면을 수록하였다.

아무쪼록 이 책을 통하여 디지털공학의 개념을 이해함으로써 현장에서의 활용에 큰 도움이 되기를 마음 간절하며, 나름대로 강의자료와 많은 학문적 선배들의 자료를 정리하여 집필하였으나, 한없는 학문의 세계에서 부족한 점 많으

리라 사료되니 향후 기술적 조언과 충고를 바라며, 앞으로도 계속하여 수정, 보완하여 좋은 책이 되도록 노력하겠다.

끝으로 이 책이 출판될 수 있도록 원고정리에 도움을 준 제자 최일환 군과 상학당 남승우 사장님과 관계자 분들의 노고에 깊은 감사를 드리는 바이다.

깊은밤 연구실에서
저자 씀

차 례

제 1 장 서 론 / 9

제 2 장 수와 진수 / 19

제 3 장 디지털 코드화 / 45

제 4 장 불 대수와 논리 게이트 / 71

제 5 장 논리함수의 간략화 / 113

제 6 장 기본 연산회로 / 139

제 7 장 조합 논리회로 / 155

제 8 장 플립플롭 / 189

제 9 장 D/A와 A/D 변환기 / 207

제 10 장 반도체 메모리와 레지스터 / 225

제 11 장 카운터(계수기) / 241

❑ 부록_전기회로 설계방법 / 251

제 1 장

서 론

▸ 1-1 아날로그와 디지털
▸ 1-2 논리레벨과 펄스
▸ 1-3 디지털 시스템

현재의 전자산업은 디지털 시스템이 주가 되어 이루어지고 있으며, 디지털 시스템은 기존의 아날로그 방식에 비해 그 응용범위가 급속도로 확장되고 있다.

디지털 시스템에서 사용되고 있는 디지털 컴퓨터(digital computer)는 수학·과학·상업 및 공학 분야에서 아주 중요하게 취급되고 있으며, 정보화 사회를 맞아 컴퓨터가 사회에 미치는 영향은 엄청나다고 할 수 있겠다.

특히 통신 분야에서는 대용량의 각종 정보 전송·처리를 행하는 통신망의 실현에 있어 디지털 기술이 다양하게 활용되고 있다. 그 밖에도 로봇·교육·우주·항공·군용·의료·분야 등 이루 헤아릴 수 없을 만큼 다양한 분야에서 디지털 시스템이 연구 개발되어 이용되고 있는 실정이다. 현재의 지구상에서 살고 있는 인간은 디지털 시대 속에서 살고 있다고 해도 과언은 아닐 것이다.

여기에서 아날로그 신호보다 디지털 신호를 많이 사용하고 있는 이유는 디지털 시스템이 아날로그 시스템에 비해 정확하고 신뢰성이 높을 뿐만 아니라 디지털 신호처리 기술의 발달로 컴퓨터에 의한 다양한 처리가 가능하다는 장점 때문이다. 따라서 아날로그(analog)와 디지털(digital)이란 무엇인가를 살펴보도록 하자.

1-1 아날로그와 디지털

아날로그 신호는 디지털 신호에 대비되는 말로서 [그림 1-1]과 같이 온도·전압·전류·길이·압력·수량·속도 등 시간의 경과에 따라 연속적(continuous)으로 변화하는 신호를 말한다.

아날로그 회로는 물리량이 아날로그적으로 표현되는 기능을 가진 소자들로 구성되며, 항상 연속적인 신호를 취급하기 때문에 신호입력과 출력이 비례관계를 갖게 된다.

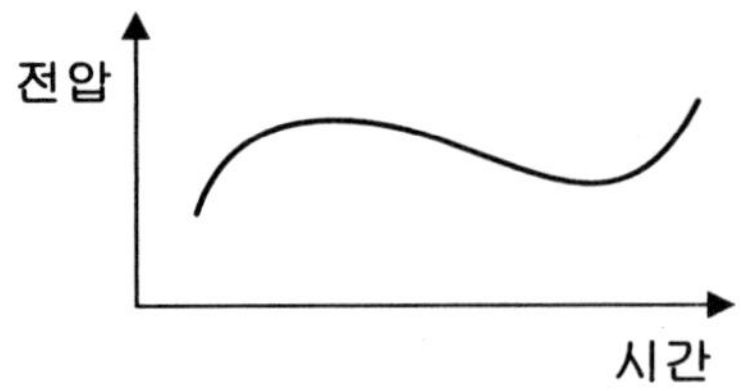

[그림 1-1] 아날로그 신호

아날로그 신호는 외부잡음에 대해 약하다는 단점을 가지고 있다. 일반적으로 자연계에서 발생하는 물리적인 양은 변환기(transducer)를 통해 전기적 신호인 아날로그 신호로 바뀐다.

디지털 신호는 [그림 1-2]와 같이 불연속적 또는 이산적(discrete)으로 변화하는 신호를 말한다.

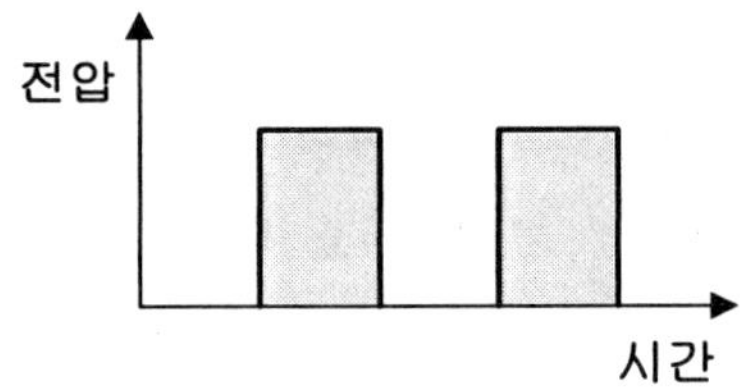

[그림 1-2] 디지털 신호

디지털이란 본래 수를 헤아린다는 의미로 '1'과 '0'의 상태 또는 '전압이 높은 상태(high level)'와 '전압이 낮은 상태(low level)'의 두 종류의 상태로 표현된다.

따라서 잡음이 있어도 1이나 0의 상태 오차범위에 있으므로 잡음의 영향이 거의 없다.

디지털 신호가 사용되는 시스템을 대표하는 것은 디지털 컴퓨터이고, 그 밖에 전자교환기 · 광통신 시스템 · 디지털 전압계 · 디지털 온도계 · 디지털 저울 · 디지털 계산기 · 디지털 혈압계 · 디지털시계 · 전자사전 등이 이에 속한다.

1-2 논리레벨과 펄스

디지털 시스템에서의 상태는 2개의 전압레벨을 이용하여 표현한다. 전압레벨이 높은 값(high level, HIGH)을 1로 하고, 낮은 값(low level, LOW)을 0으로 하는 시스템을 정논리(positive logic) 시스템이라 하고, 반대로 낮은 값을 1, 높은 값을 0으로 하는 시스템을 부논리(negative logic) 시스템이라 한다.

<표 1-1> 논리 시스템

디지털 신호	정논리 시스템	부논리 시스템
0	Low Level	High Level
1	High Level	Low Level

정논리와 부논리 모두 디지털 시스템에서 이용되고 있지만, 정논리가 일반화되어 있다.

디지털 회로에서는 펄스라고 하는 신호를 사용하게 된다. 펄스는 전압레벨이 일반적으로 High 상태와 Low 상태 사이로 변환하고 있어 디지털 시스템의 0과 1을 표현하거나 클록(clock) 신호로 사용되고, 펄스는 최저값 0[V]에서 최고값 E[V]까지 스위치한다.

[그림 1-3]은 정펄스와 부펄스를 나타낸 것이다. 정펄스(positive pulse)는 전압파형이 LOW 레벨에서 HIGH 레벨로 되었다가 다시 LOW 레벨로 되는 것으로 [그림 1-3 (a)]와 같으며, 부펄스(negative pulse)는 전압파형이 HIGH 레벨에서 LOW 레벨로 되었다가 다시 HIGH 레벨로 되돌아가는 것으로 [그림 1-3 (b)]와 같다.

[그림 1-3] 정펄스와 부펄스

정펄스에 있어서 리딩 에지(leading edge)를 상승구간(positive-going transition 또는 rising edge)이라고 부르며, 트레일링 에지(trailing edge)는 하강구간(negative-going transition 또는 falling edge)이라고 부른다. 부펄스의 경우 리딩 에지는 하강구간, 트레일링 에지는 상승구간이 된다. 이상과 같은 디지털 신호는 스위치의 단락, 단안정 멀티바이브레이터, 비안정 멀티바이브레이터 등을 이용하면 손쉽게 만들 수 있다.

1-3 디지털 시스템

디지털 시스템의 구조는 입력부, 연산부(ALU : Arithmetic Logic Unit), 제어부, 주기억장치, 출력부로 구성된다.

입/출력부의 주요기능은 정보의 입력과 출력기능을 수행하며, 일시 기억기능(buffering)과 데이터 변환 등의 보조기능을 가진다. 일시 기억기능은 처리속도가 매우 빠른 장치와 비교적 느린 장치 간의 연결 기능을 수행한다. 입력부의 대표적 장치는 키보드, 출력부의 대표적 장치는 CRT라 할 수 있겠다.

연산부(ALU : Arithmetic Logic Unit)는 기억장소로부터 가져온 데이터에 대해 다양한 산술논리 연산을 수행한다. ALU의 연산내용은 수행되고 있는 연산명령에 따라 변화한다.

제어부(control unit)는 기억장치(memory)로부터 명령어를 받아서 그것들을 해독하고 다른 부분에 적절한 신호를 제공하여 목표하는 동작이 수행되도록 한다. 또한, ALU에 의해 만들어진 자료에 대한 다양한 시험 결과를 받아서 이를 기초로 하여 여러 처리과정 간의 선정을 한다. ALU와 제어장치를 묶어서 흔히 중앙처리장치(CPU : Central Processing Unit)라고 부른다.

주기억장치는 보통 주메모리라 부르는 고속 RAM으로 구성된다. 대부분의 컴퓨터에서 프로그램 수행시 주기억장치의 기억용량이 부족한 경우 많은 기억용량을 갖는 보조기억장치를 필요로 한다. 여기서 주기억장치에 대한 자세한 내용은 추후에 다루기로 한다.

그리고, 디지털 시스템에서 처리되는 데이터에 대해서 간단히 알아보면 다음과 같다.

디지털에서 처리하는 데이터는 2진 신호로 처리하게 된다. 즉, '1'의 상태=High 상태=+5[V], '0'의 상태=Low 상태=0[V]로서 '0'과 '1'의 조합으로 구성하게 된다.

[그림 1-4]에서 데이터의 최소단위를 비트(bit)라 하며 4비트를 1니블(nibble), 8비트를 1바이트(byte), 16비트는 2바이트이고 1워드(word)라 한다.

[그림 1-4]와 같이 디지털 데이터는 우측부터 좌측으로 자릿수가 올라가게 되며, 맨 우측의 비트, 즉 $D0$을 최하위 비트(LSB : Least Significant Bit), $D15$를 최상위 비트(MSB : Most Significant Bit)라 한다.

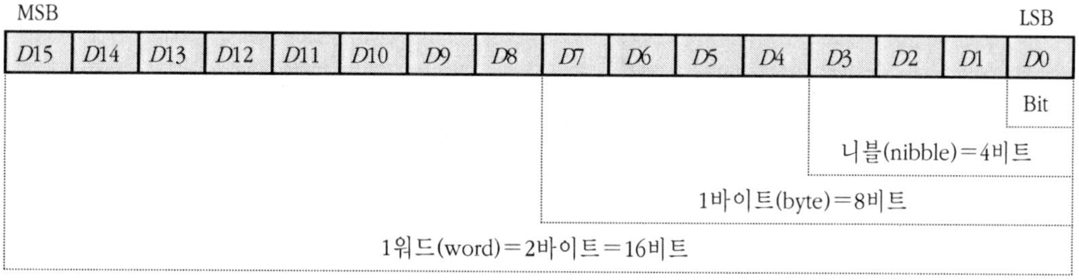

[그림 1-4] 디지털 데이터

2진수로 된 데이터나 정보는 두 가지 기본방법, 즉 직렬이나 병렬 혹은 이 둘의 결합으로 디지털 시스템에서 한 위치에서 다른 위치로 전달될 수 있다.

이들 두 방법은 한쪽에서 다른 쪽으로 전달될 때 하나의 선을 통하여 한 비트씩 전송이 되는 것을 직렬 데이터(serial data)라 한다. 직렬 데이터의 형태는 [그림 1-5]와 같다.

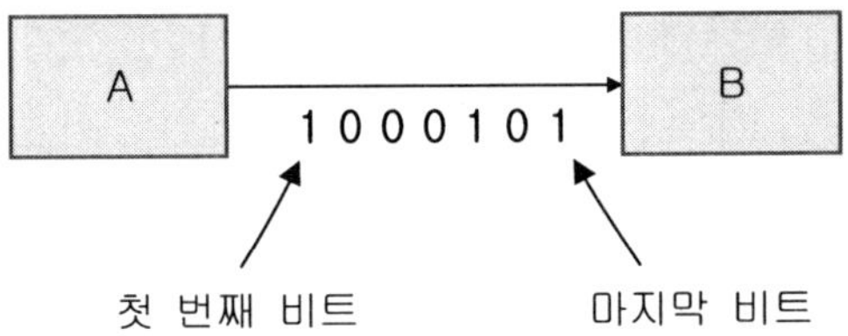

[그림 1-5] 직렬 데이터

직렬 데이터 전송방법은 병렬 데이터 전송방법에 비해 전송속도는 늦지만 전송선을 가장 효율적으로 사용할 수 있다는 것이다.

데이터가 동시에 여러 개의 선으로 전달되는 것을 병렬 데이터(parallel data)라 한다. 병렬 데이터의 형태는 [그림 1-6]과 같다.

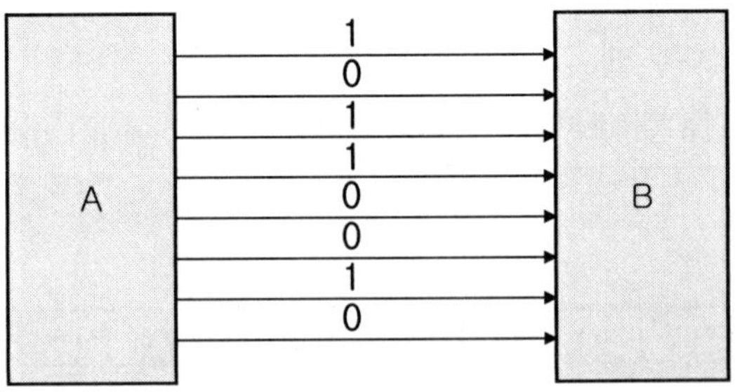

[그림 1-6] 병렬 데이터

병렬 데이터 전송방법은 직렬 데이터에 비해 전송속도가 빠르다.

컴퓨터에서 마우스나 모뎀 등을 사용할 때는 직렬 포트를 이용하며, 프린터나 스캐너 등을 사용할 때는 병렬 포트를 이용하게 된다.

이와 같은 디지털 컴퓨터는 기억용량을 더욱 확대시키고 처리속도를 더욱 빠르게 하는 방향으로 계속 발전되어 나가고 있으며, 또한 병렬 컴퓨터 시스템으로 발전해 나갈 것이다.

디지털 시스템의 주된 특징을 살펴보면 다음과 같다.

① 디지털 시스템은 설계하기 쉽다. 사용되는 회로가 스위칭 회로이기 때문이다. TR・CMOS 등의 전자소자를 이용하면 손쉽게 스위칭 회로를 구성할 수 있다.

② 정보저장이 쉽다. 이것은 플립플롭과 같은 특별한 기억소자에 의해 가능하다.

③ 정확성과 정밀도가 높다. 디지털 시스템은 몇 개의 스위칭 회로를 추가함으로써 우리가 필요로 하는 많은 자릿수의 정밀도를 가진 수를 다룰 수 있다.

④ 컴퓨터와 호환성을 가진다. 시스템의 동작이 프로그램이라고 하는 일련의 저장된 명령에 의해 제어되는 디지털 시스템을 설계하기는 쉽기 때문이다.

⑤ 디지털 회로는 잡음에 강하다. 왜냐하면 HIGH와 LOW를 구별하지 못할 만큼 잡음이 충분히 크지 않는 한, 미세하게 변동하는 전압의 정확한 값은 중요하지 않기 때문이다.

⑥ 많은 디지털 회로구성이 IC칩 상에서 고밀도 집적이 가능하므로 영구적이라 할 수 있다.

⑦ 정보저장 기능과 프로그램 기능을 이용하여 지능을 갖도록 할 수 있다.

연습문제

1. 아날로그 신호와 디지털 신호의 차이를 설명한 것 중 틀린 것은?

① 아날로그 신호는 연속적이다.
② 디지털 신호는 불연속적이다.
③ 잡음신호가 혼입되었을 때 원신호를 재현하는 것은 아날로그 신호가 수월하다.
④ 디지털 시스템은 빠른 처리속도와 정확도, 메모리의 기능 및 프로그램 능력을 가지고 있다.

2. 정논리 시스템과 부논리 시스템에 대하여 설명하여라.

3. 디지털 시스템의 특징에 대하여 설명하여라.

4. 다음 각 용어를 간단히 설명하여라.

(1) 비트(bit)
(2) 워드(word)
(3) MSB(Most Significant Bit)

제 2 장

수와 진수

인간과 컴퓨터의 원활한 상호작용을 위해서는 인간이 사용하는 데이터를 컴퓨터 내부에 어떻게 나타내는가 하는 데이터 표현방법을 이해하여야 한다.

디지털 시스템을 이해하고 활용하기 위해서는 인간이 주로 사용하는 10진수와 컴퓨터에서 주로 사용되는 2진수, 8진수, 16진수 등 r진수 상호 간의 변환하는 방법 등 2진수(binary number)에 대한 이해가 필요하다. 이 장에서는 수의 체계와 각각의 진수 간에 어떠한 관계가 있는지 알아본다.

2-1 수의 체계와 진수

10진수(decimal)는 우리들이 일상생활에서 사용하고 있는 수체계이며, 숫자는 10진수에서는 0, 1, 2, 3, 4, 5, 6, 7, 8, 9인 10개의 기호를 사용하고 있고, 수의 위치로 자릿수를 나타낸다.

2진수(binary)는 가장 간단한 수체계로서 디지털 시스템에서 많이 사용되고 있으며, 2진 숫자의 각 자리는 비트(bit)라 하며, 2진수에서 사용되는 숫자는 0과 1만의 숫자로 표현되지만 상반된 개념을 지니며 'HIGH'와 'LOW' 또는 'ON'과 'OFF' 등에 대한 각 상태를 나타내게 된다. 2진수 역시 10진수에서 표현한 것처럼 위치에 의한 자릿수로 표현된다.

이렇게 자릿수로 표현되는 진수를 r진법 형태로 나타내어 10진수와 2진수와의 관계를 파악해 보면, r진법의 숫자 $N_r = a_n a_{n-1} a_{n-2} \cdots\cdots a_2 a_1 a_0$은 다음과 같은 수식으로 그 값을 나타낼 수 있다.

$$N_r = a_n r^n + a_{n-1} r^{n-1} + a_{n-2} r^{n-2} + \cdots\cdots + a_2 r^2 + a_1 r^1 + a_0 r^0 \qquad (2\text{-}1)$$

식 (2-1)에서 $a_n, a_{n-1}, a_{n-2}, \cdots\cdots a_2, a_1, a_0$는 숫자를 나타내고, r^n, r^{n-1},

$r^{n-2}, \cdots\cdots r^2, r^1, r^0$는 자릿수를 나타내며 웨이트(weight)라고 부른다.

예를 들면, 10진수 53은 $53 = 5 \times 10^1 + 3 \times 10^0$으로 나타내며 2진수 110101은 $110101 = 1 \times 2^5 + 1 \times 2^4 + 0 \times 2^3 + 1 \times 2^2 + 0 \times 2^1 + 1 \times 2^0$이 된다. 이 값은 10진수 53의 값과 같음을 알 수 있다.

2-2 진수 변환

2-2-1 10진수에서 2진수, 8진수, 16진수로의 변환

(1) 10진수의 2진수 변환

인간은 10진수를 사용하고 있으나 디지털 시스템 내부에서는 2진수를 이용하므로 10진수를 2진수로 변환할 수 있어야 한다. 10진수를 2진수로 변환하기 위해서는 정수부와 소수부를 나누어서 생각하여야 한다.

1) 정수부의 변환

10진수를 2진수로 변환하고자 할 때는 10진수의 값을 2로 더 이상 나눌 수 없을 때까지 나누어 나가면서 나머지만 취하면 된다. 즉 10진수 값 N을 2로 나누면 몫이 a_1, 나머지가 b_1일 때 다시 몫 a_1을 2로 나누면 몫이 a_2, 나머지가 b_2가 된다.

이렇게 몫을 2로 나눌 수 있을 때까지 나누어, 더 이상 나눌 수 없을 때까지 계속 반복 종료한다. 그리고 나머지만 취하면 2진수 값이 된다.

◈ 변 환

(나머지)

2 | N ……… b_1 최하위 비트(LSB : Least Significant Bit)

2 | a_1 (몫) ……… b_2

2 | a_2 (몫) ……… b_3

⋮ ⋮

2 | a_{n-1}(몫) ……… b_n

a_n ……… 최상위 비트(MSB : Most Significant Bit)

∴ 결과 : $(N)_{10} = (a_n b_n \cdots b_2 b_1)_2$이 된다.

예를 들어, 10진수 13을 2진수로 변환하고자 하는 경우, 10진수를 반복해서 2로 나누면서 몫이 0이 될 때까지 구해지는 나머지들을 LSB로부터 역순으로 표시한다.

먼저 13을 2로 나누면 몫은 6, 나머지는 1이 되고, 이 나머지 값이 2진수의 LSB가 된다.

첫 번째 나눗셈의 몫 6을 다시 2로 나누면 몫은 3, 나머지는 0이 되고, 이 나머지 값은 2진수의 두 번째 자릿수가 된다. 3을 다시 2로 나누면 몫은 1, 나머지도 1이 되고, 이 나머지 값은 2진수의 세 번째 자릿수가 된다. 1을 다시 2로 나누면 몫은 0, 나머지는 1이 되고, 이 나머지 값은 2진수의 MSB가 된다. 2로 나누는 과정을 몫이 0이 될 때까지 계속 반복하면 10진수 13은 2진수 1101로 변환된다.

예제 2-1

10진수 353를 2진수로 변환하시오

풀이

제수	피제수	나머지	
2	353	··· 1	↑ (LSB)
2	176	··· 0	
2	88	··· 0	
2	44	··· 0	
2	22	··· 0	
2	11	··· 1	
2	5	··· 1	
2	2	··· 0	
2	1	··· 1	(MSB)
	0		

∴ 결과 $(353)_{10} = (101100001)_2$이 된다.

2) 소수부의 변환

소수부만 갖는 10진수를 2진수로 변환하는 과정을 알아보자.

소수부로로 되어 있는 10진수를 2진수로 변환하기 위해서는 10진수의 소수점 이하 숫자를 2로 계속 곱하면서 정수부분만 취하면 된다.

◈ 변 환

$$2 \times 0.A_1A_2A_3A_4A_5 = B_1.a_1a_2a_3a_4a_5 \quad \cdots B_1$$
$$2 \times 0.a_1a_2a_3a_4a_5 = B_2.b_1b_2b_3b_4b_5 \quad \cdots B_2$$
$$2 \times 0.b_1b_2b_3b_4b_5 = B_3.c_1c_2c_3c_4c_5 \quad \cdots B_3$$
$$2 \times 0.c_1c_2c_3c_4c_5 = B_4.d_1d_2d_3d_4d_5 \quad \cdots B_4$$
$$2 \times 0.d_1d_2d_3d_4d_5 = B_5.e_1e_2e_3e_4e_5 \quad \cdots B_5$$

∴ 결과 : $(0.A_1A_2A_3A_4A_5)_{10} = (0.B_1B_2B_3B_4B_5)_2$이 된다.

예를 들어, 10진수 0.625를 2진수로 변환하고자 하는 경우, 2를 반복해서 곱하면서 소수부가 0이 될 때까지 구해지는 정수부들을 소수점 아래 첫 번째 비트로부터 표시한다.

먼저 0.625에 2를 곱하면 1.25이므로 정수부는 1, 소수부는 0.25가 되고, 이 정수부의 값 1이 2진수의 소수점 아래 첫 번째 비트값이 된다. 첫 번째 곱셈의 소수부 0.25에 다시 2를 곱하면 0.5이므로 정수부는 0, 소수부는 0.5가 되어 소수점 아래 두 번째 비트값은 0이 된다. 0.5에 다시 2를 곱하면 정수부는 1, 소수부는 0.0이 되어서 소수점 아래 세 번째 비트값은 1이 된다. 즉, 2를 곱하는 과정을 소수부가 0이 될 때까지 계속 반복하며, 이러한 방법으로 10진수 $0.625_{10} = 0.101_2$ 로 변환된다.

예제 2-2

10진수 0.703125를 2진수로 변환하시오.

풀이

```
          0.703125
        X        2
1 · · · · ①.40625
        X       2
0 · · · · ⓪.8125
        X      2
1 · · · · ①.625
        X     2
1 · · · · ①.25
        X    2
0 · · · · ⓪.5
        X   2
1 · · · · ①.0
```

∴ 결과 : $(0.703125)_{10} = (0.101101)_2$이 된다.

(2) 2진수의 10진수 변환

2진수를 10진수로 변환하려면 식 (2-1)을 이용 2진수를 표시하는 각 기수에 웨이트를 곱하여 각 항을 더하면 된다.

예제 2-3

2진수 110101를 10진수로 변환하시오.

풀이

$$\begin{aligned} 110101 &= 1\times 2^5 + 1\times 2^4 + 0\times 2^3 + 1\times 2^2 + 0\times 2^1 + 1\times 2^0 \\ &= 1\times 32 + 1\times 16 + 0\times 8 + 1\times 4 + 0\times 2 + 1\times 1 \\ &= 53 \end{aligned}$$

(3) 10진수의 8진수 변환

8진수(octal number)와 2진수는 10진수에 비하여 상호변환이 쉽게 이루어지는 특성을 갖고 있으므로 디지털 시스템의 분야에서 많이 사용되고 있다. 8진법에서는 0, 1, 2, 3, 4, 5, 6, 7의 8종류 숫자기호를 사용한다.

10진수를 8진수로 변환하는 방법은 10진수를 2진수로 변환하는 방법과 동일하다. 단지 2로 나누지 않고 8로 나누는 것만 다르다. 즉, 10진수의 값을 8로 더 이상 나눌 수 없을 때까지 나누어 나가면서 나머지만 취하면 된다.

◈ 변 환

		(나머지)	
8	N	……… b_1	(LSB)
8	a_1 (몫)	……… b_2	
8	a_2 (몫)	……… b_3	
	⋮	⋮	
8	a_{n-1} (몫)	……… b_n	
	a_n	………	(MSB)

∴ 결과 : $(N)_{10} = (a_n b_n \cdots b_2 b_1)_8$이 된다.

또한, 소수점으로 되어 있는 10진수를 8진수로 변환하는 방법도 10진수를 2진수로 변환하는 방법과 동일하다. 10진수의 소수점 이하 숫자를 8로 계속 곱하면서 정수부분만 취하면 된다.

예제 2-4

10진수 175를 8진수로 변환하시오

풀이

```
8 | 175   ......... 7
  ------
8 | 21    ......... 5
  ------
     2
```

∴ 결과 : $(175)_{10} = (257)_8$이 된다.

예제 2-5

10진수 0.1875를 8진수로 변환하시오

풀이

```
              0.1875
            X      8
            --------
 1 · · · ·    1.5000
            X      8
            --------
 4 · · · ·    4.0000
```

∴ 결과 : $(0.1875)_{10} = (0.14)_8$이 된다.

(4) 8진수의 10진수 변환

8진수를 10진수로 변환하려면 식 (2-1)을 이용 8진수를 표시하는 각 기수에 웨이트를 곱하여 각 항을 더하면 된다.

예를 들면, 8진수 $N = 625_8$일 때, 10진수로 변환하면

$$N = 6 \times 8^2 + 2 \times 8^1 + 5 \times 8^0$$
$$= 405_{10}$$

으로 계산된다.

예제 2-6

8진수 374를 10진수로 변환하시오

풀이

$$(374)_8 = 3 \times 8^2 + 7 \times 8^1 + 4 \times 8^0$$
$$= 3 \times 64 + 7 \times 8 + 4 \times 1$$
$$= 252$$

∴ 결과 : $(374)_8 = (252)_{10}$이 된다.

(5) 10진수의 16진수 변환

16진수(hexadecimal number)도 8진수와 마찬가지로 2진수와 특별한 관계가 있기 때문에 디지털 시스템의 분야에서 많이 사용되고 있다. 16진수는 1자리의 표시에 16개의 숫자를 필요로 하기 때문에 0~9 이외에 10, 11, 12, 13, 14, 15를 A, B, C, D, E, F로 대응하여 사용한다.

10진수를 16진수로 변환하는 방법은 10진수를 2진수로 변환하는 방법과 동일하다. 단지 2로 나누지 않고 16으로 나누는 것만 다르다. 즉, 10진수의 값을 16으로 더 이상 나눌 수 없을 때까지 나누어 나가면서 나머지만 취하면 된다.

또한, 소수점으로 되어 있는 10진수를 16진수로 변환하는 방법도 10진수를 2진수로 변환하는 방법과 동일하다. 10진수의 소수점 이하 숫자를 16으로 계속 곱하면서 정수부분만 취하면 된다.

◈ 변 환

			(나머지)	
16	N	………	b_1	(LSB)
16	a_1 (몫)	………	b_2	
16	a_2 (몫)	………	b_3	
	⋮		⋮	
16	a_{n-1}(몫)	………	b_n	
	a_n	………		(MSB)

∴ 결과 : $(N)_{10} = (a_n b_n \cdots b_2 b_1)_{16}$이 된다.

예제 2-7

10진수 254.21875를 16진수로 변환하시오

풀이

10진 실수 $(254.21875)_{10}$을 16진법으로 변환하기 위하여 정수부 254와 소수부 0.21875로 나누어서 각각 16진수로 변환한다.

정수부

16	254	· · ·	14(E) ↑
16	15	· · ·	15(F) ┆
	0		

소수부

	0.21875
	X 16
┆ 3 · · · ·	3.50000
	X 16
↓ 8 · · · ·	8.00000

∴ 결과 : $(254.21875)_{10} = (FE.38)_{16}$이 된다.

(6) 16진수의 10진수 변환

16진수를 10진수로 변환하려면 식 (2-1)을 이용 16진수를 표시하는 각 기수에 웨이트를 곱하여 각 항을 더하면 된다.

예를 들면, 16진수 $N = 15AF_{16}$ 일 때 10진수로 변환하면

$$
\begin{aligned}
N &= 1\times 16^3 + 5\times 16^2 + A(10)\times 16^1 + F(15)\times 16^0 \\
&= 4096 + 1280 + 160 + 15 \\
&= 5551_{10}
\end{aligned}
$$

으로 계산된다.

예제 2-8

16진수 3BC5를 10진수로 변환하시오

풀이

$$
\begin{aligned}
(3BC5)_{16} &= 3\times 16^3 + B(11)\times 16^2 + C(12)\times 16^1 + 5\times 16^0 \\
&= 3\times 4096 + 11\times 256 + 12\times 16 + 5\times 1 \\
&= 15301
\end{aligned}
$$

∴ 결과 : $(3BC5)_{16} = (15301)_{10}$이 된다.

2-2-2 2진수와 8진수, 16진수로의 변환

(1) 2진수-8진수 변환

2진수와 8진수의 관계는 $2^3 = 8$ 이기 때문에 2진수의 3자리가 8진수의 1자리와 같은 크기를 나타낸다. 따라서 2진수로 되어 있는 숫자를 최하위 자리부터 3자리씩 끊어 10진수로 변환한 값이 8진수 1자리에 해당한다. 예를 들면, 다음과 같다.

2진수 : 011100010110100

8진수 : 3 4 2 6 4

이와 같은 방법은 2진수 8진수 상호변환에 이용된다. 반대로 8진수를 2진수로 변환할 때에는 8진수 1자리를 2진수 3자리로 변환하면 된다. 예를 들어, 8진수 275_8을 2진수로 변환하면

$$675_8 = \underbrace{6}_{110}\ \underbrace{7}_{111}\ \underbrace{5}_{101_2}$$

이므로 $675_8 = 110111101_2$이다.

이와 같은 결과에서 8진수에서의 1비트는 2진수의 3비트의 값으로 나타낼 수 있다는 것을 알 수 있다.

예제 2-9

2진수 (110011011)을 8진수로 변환하시오

풀이

$(110011011)_2 = 110/011/011$

$(6)_{10}(3)_{10}(3)_{10}$

∴ 결과 : $(110011011)_2 = (633)_8$이 된다.

예제 2-10

8진수 375를 2진수로 변환하시오

풀이

$(375)_8 = 3/7/5$

$(011)_2\ (111)_2\ (101)_2$

∴ 결과 : $(375)_8 = (011111101)_2$이 된다.

(2) 2진수-16진수 변환

2진수와 16진수의 관계는 $2^4 = 16$ 이기 때문에 2진수의 4자리가 16진수의 1자리와 같은 크기를 나타낸다. 따라서 2진수로 되어 있는 숫자를 최하위 자리부터 4자리씩 끊어 10진수로 변환한 값이 16진수 1자리에 해당한다.

〈표 2-1〉은 2진수와 16진수 간의 변환관계를 표시한 것이다.

<표 2-1> 2진수와 16진수의 변환관계

2진	16진	2진	16진
0000	0	1000	8
0001	1	1001	9
0010	2	1010	A
0011	3	1011	B
0100	4	1100	C
0101	5	1101	D
0110	6	1110	E
0111	7	1111	F

예를 들면 다음과 같다.

2진수 : 101100111101

16진수 : B 3 D

그리고, 값이 $(11111110.00111)_2$로 소수점을 포함한 2진수일 때 소수점을 중심으로 좌우로 4자리씩 구분하여 16진수로 변환하여

2진수 : 11111110.00111000

16진수 : F E . 3 8

와 같이 16진수 $(FE.38)_{16}$이 된다.

반대로 16진수를 2진수로 변환시킬 때는 16진수의 각 비트를 4비트의 2진수로 변환시키면 된다.

예제 2-11

2진수 (101110011011)을 16진수로 변환하시오

풀이

$(101110011011)_2 = 1011/1001/1011$

$(11)_{10}(9)_{10}(11)_{10}$

∴ 결과 : $(101110011011)_2 = (B9B)_{16}$이 된다.

예제 2-12

16진수 3B7F를 2진수로 변환하시오

풀이

$(3B7F)_{16} = 3/B/7/F$

$(0011)_2\ (1011)_2\ (0111)_2\ (1111)_2$

∴ 결과 : $(3B7F)_{16} = (0011101101111111)_2$이 된다.

2-2-3 2진수의 사칙 연산

(1) 가 산

2진수는 다음의 4가지의 기본 형태를 갖고 가산을 행하게 된다. 이 중 네 번째 것은 자리올림(carry)이 발생한다.

$0+0=0$
$0+1=1$
$1+0=1$
$1+1=10$ (자리올림이 발생)

(2) 감 산

2진수는 다음의 4가지의 기본 형태를 갖고 감산을 행하게 된다. 이 중 네 번째 것은 자리내림(borrow)이 발생한다.

0 − 0 = 0
1 − 0 = 1
1 − 1 = 0
10 − 1 = 1(자리내림이 발생)

2진수 감산시 직접 감산하는 방법도 있지만 보수를 이용한 감산을 하는 방법도 있다. 우선 보수의 개념을 알아보자.

1) 보 수

보수(complement)라고 하는 것은 뺄셈을 덧셈으로 처리하고자 할 때 필요한 수이다. 두 수간의 효과적인 감산을 수행하기 위해서는 보수를 이용하게 되며, 디지털 시스템에서 음수를 효과적으로 표현하기 위해서도 보수를 사용한다.

2진법에서는 $r = 2$ 이므로 2의 보수와 1의 보수가 있다.

$$\begin{aligned} N_{r-1} &= r^n - N - 1 \\ &= (r^n - 1) - N \end{aligned}$$

에서 $r = 2$ 이므로

$$\begin{aligned} N_1 &= 2^n - N - 1 \\ &= (2^n - 1) - N \\ &= (1111\cdots11) - N \end{aligned}$$

로 계산된다. 따라서 2진수에 대한 1의 보수는 $1 - 1 = 0$ 이므로 모든 1을 0으로, $1 - 0 = 1$ 이므로 모든 0을 1로 변환하면 된다. 몇 가지 예를 들어 보면, 다음과 같다.

1010과 1110에 대한 1의 보수는

$$
\begin{aligned}
1010\text{의 1의 보수} &= 1111 - 1010 \\
&= 0101 \\
1110\text{의 1의 보수} &= 1111 - 1110 \\
&= 0001
\end{aligned}
$$

이다.

2진법에서 2의 보수는

$$N_r = N_{r-1} - 1$$
$$r\text{의 보수} = r-1\text{의 보수} + 1$$

이므로 1의 보수에 1을 더하면 얻어진다. 즉,

$$2\text{의 보수} = 1\text{의 보수} + 1$$

이다. 예를 들어 1011의 2의 보수는 1의 보수 0100에 1을 더한 0101이다.

2진수	1의 보수	2의 보수
1110	0001	0001 + 1 = 0010
0001	1110	1110 + 1 = 1111

이러한 보수를 사용하여 어떻게 감산을 행할 것인가?

하나의 방법은 1의 보수를 사용하는 방법이다. 피감수에서 감수를 직접 감산하는 대신 1의 보수를 더하고 MSB로부터의 올림수를 결과에 더해주는 방법이다.

MSB로부터 올림수가 있으면 감산의 결과는 양수이다. 그러나 MSB로부터 올림수가 없으면 감산의 결과는 음수에 대한 1의 보수이다.

예제 2-13

101111의 2의 보수를 구하시오.

풀이

①

```
 1000000
 -101111
--------
 0010001
```

② 1의 보수를 취한 후 1을 더한다.

```
(101111)의 1의 보수는 010000
                          +1
                      ------
(101111)의 2의 보수는 010001
```

2) 1의 보수에 의한 감산

- 큰 수에서 작은 수를 빼는 경우 다음의 방법을 사용한다.
  ① 감수의 1의 보수를 구한다.
  ② 피감수에다 감수의 1의 보수(①의 결과)를 더한다.
  ③ 자리올림은 ②의 결과에 더한다.

예제 2-14

11001－10011을 1의 보수를 이용하여 구하시오.

풀이

```
(직접계산)          (1의 보수를 이용)
  11001                11001
 -10011               +01100
 ------              --------
  00110              ① 00101 (캐리 발생)
                      ↘
                      +     1 (발생된 캐리를 더한다)
                     --------
                        00110
```

- 작은 수에서 큰 수를 빼는 경우 다음의 방법을 사용한다.

  ① 감수의 1의 보수를 구한다.
  ② 피감수에다 감수의 1의 보수(①의 결과)를 더한다.
  ③ 자리올림은 발생하지 않는다.
  ④ ②의 결과를 1의 보수를 구하고 (−)를 붙인다.

3) 2의 보수에 의한 감산

- 큰 수에서 작은 수를 빼는 경우 다음의 방법을 사용한다.

  ① 감수의 2의 보수를 구한다.
  ② 피감수에다 감수의 2의 보수(①의 결과)를 더한다.
  ③ 자리올림은 버린다.

예제 2-15

1100−1011을 2의 보수를 이용하여 구하시오.

풀이

(직접계산)	(2의 보수를 이용)
1100	1100
−1011	+0101
0001	① 0001 (캐리는 버린다)
	0001 (결과)

- 작은 수에서 큰 수를 빼는 경우 다음의 방법을 사용한다.

  ① 감수의 2의 보수를 구한다.
  ② 피감수에다 감수의 2의 보수(①의 결과)를 더한다.
  ③ 자리올림은 발생하지 않는다.
  ④ ②의 결과를 2의 보수를 구하고 (−)를 붙인다.

(3) 승 산

2진수의 승산은 10진수의 승산과 같은 방법으로 행한다.

$$0 \times 0 = 0$$
$$0 \times 1 = 0$$
$$1 \times 0 = 0$$
$$1 \times 1 = 1$$

예제 2-16

1111×111의 값을 구하시오.

풀이

$$\begin{array}{r} 1111 \\ \times\ 111 \\ \hline 1111 \\ 1111 \\ +\ 1111 \\ \hline 1101001 \end{array}$$

(4) 제 산

2진수의 제산도 10진수의 제산과 같은 방법으로 행한다.

$$0 \div 1 = 0$$
$$1 \div 1 = 1$$

예제 2-17

1010÷10의 값을 구하시오.

풀이

```
        101
   ┌──────────
10 │  1010
     10
   ──────────
      010
       10
   ──────────
        0
```

(5) 10진수의 감산

10진수의 감산도 2진수의 감산과 마찬가지로 보수법을 이용한 감산법이 있다. 일반적인 수 체계에서 두 수의 뺄셈은 보수를 이용한 덧셈으로 처리된다. 즉, 두 수 N1과 N2의 뺄셈(N1－N2)은 N1과 N2의 보수를 덧셈함으로써 계산된다. 10진법에서는 9의 보수와 10의 보수가 있다.

보수법을 이용하기 위한 9의 보수와 10의 보수를 알아보도록 하자.

1) 9의 보수

9의 보수는 9에서 부족한 수, 즉 9가 되기 위해 보충이 되어야 되는 수를 말한다.

예를 들어 0의 9의 보수는 ⇒ 9－0=9
1의 9의 보수는 ⇒ 9－1=8
2의 9의 보수는 ⇒ 9－2=7
11의 9의 보수는 ⇒ 99－11=88
111의 9의 보수는 ⇒ 999－111=888

따라서 각 수의 9의 보수를 구하기 위해서는 한 자릿수의 보수는 9에서 그 수를 감산하고, 두 자릿수의 보수는 99에서 그 수를 감산하며, 세 자릿수의 보수는 999에서 그 수를 감산하게 된다.

2) 10의 보수

10의 보수는 10에서 부족한 수, 즉 10이 되기 위해 보충이 되어야 되는 수를 말한다.

예를 들어 0의 10의 보수는 ⇒ 10−0=10
1의 10의 보수는 ⇒ 10−1=9
2의 10의 보수는 ⇒ 10−2=8
11의 10의 보수는 ⇒ 100−11=89
111의 10의 보수는 ⇒ 1000−111=889

따라서 각 수의 10의 보수를 구하기 위해서는 한 자릿수의 보수는 10에서 그 수를 감산하고, 두 자릿수의 보수는 100에서 그 수를 감산하며, 세 자릿수의 보수는 1000에서 그 수를 감산하게 된다. 10의 보수는 9의 보수를 취하여 1을 더한 것과 같게 된다.

예를 들어, 25에 대한 9의 보수와 10의 보수는 다음과 같이 구할 수가 있다.

```
  99
- 25
----
  74 ←-- 25에 대한 9의 보수
+  1
----
  75 ←-- 25에 대한 10의 보수
```

3) 9의 보수에 의한 감산

- 큰 수에서 작은 수를 빼는 경우 다음의 방법을 사용한다.

① 감수의 9의 보수를 구한다.
② 피감수에다 감수의 9의 보수(①의 결과)를 더한다.
③ 자리올림은 ②의 결과에 더한다.

- 작은 수에서 큰 수를 빼는 경우 다음의 방법을 사용한다.
  ① 감수의 9의 보수를 구한다.
  ② 피감수에다 감수의 9의 보수(①의 결과)를 더한다.
  ③ 자리올림은 발생하지 않는다.
  ④ ②의 결과를 9의 보수를 구하고 (−)를 붙인다.

4) 10의 보수에 의한 감산

- 큰 수에서 작은 수를 빼는 경우 다음의 방법을 사용한다.
  ① 감수의 10의 보수를 구한다.
  ② 피감수에다 감수의 10의 보수(①의 결과)를 더한다.
  ③ 자리올림은 버린다.

예제 2-18

10의 보수를 이용하여 10진 연산 83−25의 값을 구하시오.

풀이

```
  83            83      9의 보수
- 25          + 74  <----------- -25
----          -----
  58           157
              +  1
              -----
               +58
```

(a) 10진 연산　　(b) 9의 보수를 이용한 연산

예제 2-19

9의 보수를 이용하여 10진 연산 83−25를 값을 구하시오.

풀이

```
  83            83      10의 보수
- 25          + 75  <----------- 25
----          -----
  58           158    (올림수 무시)
                58
```

(a) 10진 연산　　(b) 10의 보수를 이용한 연산

예제 2-20

10진 연산 7-5를 2의 보수를 이용하여 값을 구하시오.

풀이

```
10진법          보통의 방법        2의 보수법

  7 (피감수)       111              111
- 5 (감수)       - 101            + 011  ←--(101에 대한 2의 보수)
  2                010             (1)010
                                   ↑
                                   └------ (carry 무시)
```

2의 보수를 이용한 2진수 감산에서는 감수(subtrahend)에 대한 2의 보수를 피감수(minuend)에 가산하고 마지막 자리에서 올림수(carry)가 발생할 경우 이를 버리면 답이 얻어진다. 2의 보수를 이용한 감산에서 MSB로부터 올림수가 있으면 감산의 결과는 양수이고 올림수가 없으면 음수이다.

연습문제

1. 다음 10진수를 2진수로 변환하여라.

(1) 234

(3) 127.5625

2. 다음 10진수를 8진수로 변환하여라.

(1) 96

(2) 0.125

3. 다음 10진수를 16진수로 변환하여라.

(1) 786

(2) 32.125

4. 다음 2진수를 10진수로 변환하여라.

(1) 11001

(2) 0.10101

5. 다음 8진수를 10진수로 변환하여라.

(1) 775

(2) 0.10101

6. 다음 16진수를 10진수로 변환하여라.

(1) 3D

(2) A7

7. 다음 2진수를 8진수로 변환하여라.

(1) 1101101

(2) 101110.111

8. 다음 2진수를 16진수로 변환하여라.

(1) 10101011

(2) 1001.1010101

9. 다음 8진수를 2진수로 변환하여라.

(1) 123

(2) 71.443

10. 다음 16진수를 2진수로 변환하여라.

(1) 3A7

(2) 3D

11. 다음 8진수를 16진수로 변환하여라.

(1) 376

(2) 0.174

12. 다음 16진수를 8진수로 변환하여라.

(1) 3BD

(2) 4F.BD

13. 다음 2진수 값을 구하시오.

(1) 1101+1001

(2) 1001×101

(3) 1100101÷10

14. 다음 2진수 감산을 1의 보수를 이용하여 구하시오.

(1) 11001−10101

(2) 10001−11101

15. 다음 2진수 감산을 2의 보수를 이용하여 구하시오.

(1) 10101−10001

(2) 10011−11000

제 3 장

디지털 코드화

디지털 시스템에서는 0과 1로 구성된 2진수를 사용하고 있다. 숫자나 문자 등을 표현하기 위해서는 0과 1 두 가지만을 사용할 수 없고 0과 1을 적절히 조합하여 몇 개의 숫자나 문자를 표현할 수 있느냐가 결정된다. 이것이 바로 코드이다. 이 0과 1을 어떻게 조합하느냐에 따라 코드의 종류가 달라진다.

사용하는 코드는 수치 데이터와 문자 데이터를 표현할 수 있는 수치 코드, 문자 코드 2종류가 있다. 수치 코드(code)에는 각 비트별로 가중치(weight)를 갖는 가중치 코드(weighted code)인 2진화 10진(BCD : Binary Coded Decimal) 코드, 2*421코드 등과 가중치가 없는 비가중치 코드(unweighted code)인 그레이 코드(gray code), 3초과 코드(excess-3 code) 등이 있다.

문자 코드(alphanumeric code)는 숫자뿐만 아니라 알파벳 문자, 특수기호 등을 포함하는 데이터를 다루기 위한 코드로서, ASCII(American Standard Code for Information Interchange : 미국 정보교환 표준 코드)와 EBCDIC (Extended Binary Coded Decimal Interchange Code : 확장 2진-10진 변환 코드) 등이 있다.

3-1 BCD-8421 코드

3-1-1 BCD 코드

BCD(Binary Coded Decimal) 코드는 2진화 10진 코드로서 일반적으로 사용되고 있는 10진수를 2진수로 표현한 것으로 4자리로 표현되고, 0~9까지만이 표현된다. 10진수를 2진수로 표현하기 때문에 각 비트의 자릿수는 8421(2^3, 2^2, 2^1, 2^0)로 표현되며, 가중(weight) 코드라 한다. 따라서 BCD 코드를 8421 코드라고도 부른다.

BCD 코드는 10진수와의 변환이 쉽게 이루어진다. 즉, BCD 코드는

0에서부터 9까지 10진수 값을 2진수 값으로 바꾼 것으로 생각하면 된다. 또한 BCD 코드는 0~9까지만이 표현되기 때문에 8421 코드에서는 1010, 1011, 1100, 1101, 1110, 1111 등 6개의 코드는 사용하지 않는다.

〈표 3-1〉에 8421코드를 나타내었다.

<표 3-1> 8421 코드

10진수	8421 코드
0	0000
1	0001
2	0010
3	0011
4	0100
5	0101
6	0110
7	0111
8	1000
9	1001

예를 들면 각 10진수를 BCD 코드로 변환하여 각 숫자를 BCD 코드로 바꾸어주면 된다.

5　　7　　9　　(10진수)
↓　　↓　　↓
0101　0111　1001　(BCD 코드)

따라서 579 (10진수)=010101111001(BCD 코드)가 된다.

예제 3-1

다음의 10진수 17, 150, 365를 BCD 코드로 변환하시오.

● **풀이**

(10진수)		(BCD 코드)
17	⟹	0001 0111
150	⟹	0001 0101 0000
365	⟹	0011 0110 0101

3-1-2 BCD 코드의 가산

대부분의 디지털 시스템에서는 10진수를 BCD 코드로 변환하여 10진 사칙연산에 많이 사용한다. BCD 코드의 가산을 행할 때에는 주의를 요한다. BCD 코드는 0~9까지밖에 없고, 4자리 2진수의 가산은 0000~1111까지 발생하기 때문에 BCD 코드에서 사용되지 않는 코드가 발생하는 경우가 있다. 따라서 BCD 코드의 가산을 행하는 경우 다음과 같다.

① 2진수의 덧셈 규칙에 따라 두 수를 더한다.

② 연산결과 자리올림수가 없으면서 결과값이 9 이하이면 맞는 값이다.

③ 연산결과 값이 9보다 크거나(A~F), 자리올림수가 발생하면 틀린 값이므로 이 경우는 그 결과값에 6(0110)을 더한다.

예제 3-2

다음의 BCD 가산을 행하여 값을 구하시오.

① 3+5　　　　② 6+8

● **풀이**

① (직접계산)　　　(BCD 계산)

3	⟹	0011
+5	⟹	+0101
8	⟹	**1000**

② (직접계산) (BCD 계산)

```
   6   ⟹     0110
  +8   ⟹    +1000
  ----       -----
  14   ⟹     1110  (BCD 코드가 아니기 때문에
            +0110   6(0110)을 결과에 더한다)
            ---------
            0001 0100
```

3-2 3초과 코드

3-2-1 3초과 코드

3초과 코드(excess-3 code)는 BCD 코드에 3(0011)을 더한 코드이며, 자릿수가 정해진 것이 아니므로 언웨이티드 코드(unweighted code)이다.

BCD 코드는 10진수를 2진수로 표시하여 이해하기 쉬운 코드지만 보수를 구하기는 불편하다. 따라서 이러한 불편을 없애기 위해 보수를 구하기 쉽도록 만든 코드가 바로 3초과 코드이다.

<표 3-2> BCD와 3초과 코드의 관계

10진수	BCD	3초과 코드
0	0000	0011
1	0001	0100
2	0010	0101
3	0011	0110
4	0100	0111
5	0101	1000
6	0110	1001
7	0111	1010
8	1000	1011
9	1001	1100

예를 들어, 9를 3초과 코드로 변환하기 위해서는, 먼저 3을 가산하여 12를 얻은 후, 4비트의 2진 코드인 1100으로 변환한다.

BCD 코드와 3초과 코드의 관계는 〈표 3-2〉와 같다. 따라서 3초과 코드에서는 0000, 0001, 0010, 1101, 1110, 1111 등 6개의 코드는 사용하지 않는다.

3-2-2 3초과 코드의 가산

3초과 코드의 가산은 BCD 코드의 가산에 비해 연산 알고리즘이 간단하고 또한 코드 자체가 자기보수 성질이 있어 보수를 쉽게 얻을 수 있다. 따라서 감산을 가산으로 쉽게 할 수 있기 때문에 디지털 시스템에서 많이 사용된다.

3초과 코드의 가산을 행할 때에도 BCD 코드의 가산을 행할 때와 같이 주의를 요한다.

3초과 코드는 BCD 코드에 3(0011)을 더한 코드이기 때문에 0~9까지밖에 없고, 4자리 2진수의 가산은 0000~1111까지 발생하기 때문에 3초과 코드에서 사용되지 않는 코드(0000, 0001, 0010, 1101, 1110, 1111)가 발생하는 경우가 있다.

따라서 3초과 코드의 가산을 행하는 경우 다음과 같다.

- 3초과 코드 가산 시 자리올림(carry)이 발생하지 않으면 −3(0011)을 행한다.
- 3초과 코드 가산 시 자리올림이 발생하면 +3(0011)을 행한다. 이때 자리올림 수에도 +3(0011)을 행한다.

예제 3-3

다음 3초과 코드의 가산을 수행하여 값을 구하시오.

0111+1000

● 풀이

10 진수	3초과 코드	
4	0111	
+ 5	+ 1000	
9	1111	(carry 없음)
	- 0011	(-3 보정)
(3초과 코드) →	1100	

예제 3-4

다음 3초과 코드의 가산을 수행하여 값을 구하시오.

1011 + 1010

● 풀이

10 진수	3초과 코드	
8	1011	
+ 7	+ 1010	
15	1 0101	(carry 있음)
	+ 0011 +0011	(+3 보정)
(3초과 코드) →	0100 1000	

3-3 그레이 코드

디지털 시스템은 이산적인 형태로만 데이터를 처리하도록 설계되어 있지만, 자연계의 물리적인 양은 아날로그 형태로서 데이터를 제공하고 있다. 이들 데이터가 디지털 시스템에 입력되기 위해서는 불연속적인 디지털 형태로 변환되어야 한다. 즉, 아날로그 정보는 아날로그 디지털(AD : Analog-to-Digital) 변환기에 의해서 디지털 형태로 변환되어야 한다.

디지털 형태로 변할 때 BCD 코드나 액세스-3 코드는 수 값이 동시에 여러 비트가 변할 수 있다. 이처럼 여러 비트가 동시에 변하게 되면 데이터 처리와 송수신 시 에러가 발생할 확률이 높아지게 되며,

에러 발생 시 에러 교정이 그만큼 힘들어지게 된다.

이러한 단점을 보완한 것이 그레이 코드(gray code)이다. 그레이 코드는 인접된 1비트씩만 변하는 코드이며, 자릿수가 주어지지 않기 때문에 언웨이티드 코드(unweighted code)라고 한다.

그레이 코드는 인접된 1비트씩만 변하기 때문에, 즉 어떤 코드에서 다음 코드로 증가하는 경우 단 한 개의 비트만 바뀌는 특성 때문에 사칙연산용으로는 부적합하지만 데이터의 전송, 입·출력장치, A/D 컨버터 등에 이용된다. 또한 기계적인 각 위치(angular position)를 부호화(encode)하는 데 유용하다.

〈표 3-3〉에 2진 코드와 그레이 코드와의 관계를 나타내었다.

〈표 3-3〉 그레이 코드

10진수	2진수	그레이 코드
0	0000	0000
1	0001	0001
2	0010	0011
3	0011	0010
4	0100	0110
5	0101	0111
6	0110	0101
7	0111	0100
8	1000	1100
9	1001	1101
10	1010	1111
11	1011	1110
12	1100	1010
13	1101	1011
14	1110	1001
15	1111	1000

3-3-1 2진수의 그레이 코드 변환

2진수를 그레이 코드로 변환할 때는 다음의 과정을 거친다.

- 최상위 비트는 같다($G_3 = D_3$).
- 그 다음 비트는 서로 인접된 비트끼리 더한 것과 같다($G_2 = D_3 + D_2$, $G_1 = D_2 + D_1$, $G_0 = D_1 + D_0$).

$$\begin{array}{ccccccc} & + & & + & & + & \\ & \frown & & \frown & & \frown & \\ D_3 & & D_2 & & D_1 & & D_0 \\ \downarrow & & \downarrow & & \downarrow & & \downarrow \\ G_3 & & G_2 & & G_1 & & G_0 \end{array}$$

참고로 또 다른 변환방법은

- 2진수의 MSB에서 시작하여 연속되는 비트의 각 쌍을 비교한다.
- 만약 두 개의 2진수 비트가 같은 값이면 그레이 코드에 0을 표시하고, 만약 두 개의 2진수 비트가 다른 값이면 그레이 코드에 1을 표시한다(처음 2진수 비트는 0에서 시작하는 것으로 한다).

예제 3-5

다음의 2진수를 그레이 코드로 변환하시오.

① 0011　　　　② 1111

풀이

①

$$\begin{array}{ccccccc} & + & & + & & + & \\ & \frown & & \frown & & \frown & \\ 0 & & 0 & & 1 & & 1 \\ \downarrow & & \downarrow & & \downarrow & & \downarrow \\ 0 & & 0 & & 1 & & 0 \end{array}$$

②

$$\begin{array}{ccccccc} & + & & + & & + & \\ & \frown & & \frown & & \frown & \\ 1 & & 1 & & 1 & & 1 \\ \downarrow & & \downarrow & & \downarrow & & \downarrow \\ 1 & & 0 & & 0 & & 0 \end{array}$$

∴ 결과 $(0011)_2$ = 그레이 코드(0010)　　∴ $(1111)_2$ = 그레이 코드(1000)

3-3-2 그레이 코드의 2진수 변환

그레이 코드를 2진수로 변환할 때는 다음의 과정을 거친다.

- 최상위 비트는 같다($D_3 = G_3$).
- 그 다음 비트는 2진수의 결과와 그레이 코드의 인접 비트를 서로 더한 것과 같다($D_2 = D_3 + G_2$, $D_1 = D_2 + G_1$, $D_0 = D_1 + G_0$).

$$\begin{array}{ccccccc} G_3 & & G_2 & & G_1 & & G_0 \\ \downarrow & +\nearrow & \downarrow & +\nearrow & \downarrow & +\nearrow & \downarrow \\ D_3 & & D_2 & & D_1 & & D_0 \end{array}$$

예제 3-6

다음의 그레이 코드를 2진수로 변환하시오.

① 0101 ② 1011

풀이

①

$$\begin{array}{ccccccc} 0 & & 1 & & 0 & & 1 \\ \downarrow & +\nearrow & \downarrow & +\nearrow & \downarrow & +\nearrow & \downarrow \\ 0 & & 1 & & 1 & & 0 \end{array}$$

∴ 결과 그레이 코드$(0101) = (0110)_2$

②

$$\begin{array}{ccccccc} 1 & & 0 & & 1 & & 1 \\ \downarrow & +\nearrow & \downarrow & +\nearrow & \downarrow & +\nearrow & \downarrow \\ 1 & & 1 & & 0 & & 1 \end{array}$$

∴ 그레이 코드$(1011) = (1101)_2$

3-4 알파뉴메릭 코드

10진을 사용하는 인간과 2진이 사용되는 디지털 시스템과의 정보를 교환하기 위해서는 여러 가지 숫자를 사용하기도 하고, 문자를 사용하기도 하며, 여러 가지의 기호를 사용해야 하는 경우도 있다. 따라서 알파벳과 숫자·문자·기호 등을 표현할 수 있는 코드가 필요하다.

이러한 목적으로 사용되는 2진 코드를 알파뉴메릭 코드(alphanumeric code)라 한다. 알파뉴메릭 코드는 숫자 · 문자 · 특수문자 · 기호 등을 나타낼 수 있는 코드를 말하며, 대문자 및 소문자 26개, 숫자 10개, 마크 7개 및 특수문자를 표현할 수 있어야 하기 때문에 최소한 6비트의 조합이 필요하게 된다.

알파뉴메릭 코드로는 ASCII(American Standard Code For Decimal Interchange Code)와 EBCDIC(Extended Binary Coded Decimal Interchange Code)가 대표적이다.

3-4-1 아스키코드

아스키(ASCII : American Standard Code for Information Interchange) 코드는 가장 널리 사용되는 알파뉴메릭 코드이며, 특히 컴퓨터의 입출력 코드로 사용되고 있다.

<표 3-4> 아스키코드

LSB	MSB							
	000 (0)	001 (1)	010 (2)	011 (3)	100 (4)	101 (5)	110 (6)	111 (7)
0000 (0)	NUL	DLE	SP	0	@	P	`	p
0001 (1)	SOH	DC1	!	1	A	Q	a	q
0010 (2)	STX	DC2	"	2	B	R	b	r
0011 (3)	ETX	DC3	#	3	C	S	c	s
0100 (4)	EOT	DC4	$	4	D	T	d	u
0101 (5)	ENQ	NAK	%	5	E	U	e	t
0110 (6)	ACK	SYN	&	6	F	V	f	v
0111 (7)	BEL	ETB	'	7	G	W	g	w
1000 (8)	BS	CAN	(	8	H	X	h	x
1001 (9)	HT	EM	)	9	I	Y	i	y
1010 (A)	LF	SUB	*	:	J	Z	j	z
1011 (B)	VI	ESC	+	;	K	[	k	{
1100 (C)	FF	FS	,	〈	L	₩	l	|
1101 (D)	CR	GS	-	=	M	]	m	}
1110 (E)	SO	RS	.	〉	N	↑	n	~
1111 (F)	SI	US	/	?	O	←	o	DEL

<표 3-5> 제어문자

기 호	기 능	기 호	기 능
NULL	NULL	DLE	Data Link Escape
SOHSTX	Start Of Reading	DC1	Device Control 1
STX	Start Of Text	DC2	Device Control 2
ETX	End Of Text	DC3	Device Control 3
EOT	End Of ransmission	DC4	Device Control 4
ENQ	Enquiry	NAK	Negative Acknowledge
ACK	Acknowledge	SYN	Synchronous Idle
BEL	Bell	ETB	End Of Transmission block
BS	Backspace	CAN	Cancel
HT	Horizontal Tab	EM	End Of Medium
LF	Line Feed	SUB	Substibute
VT	Vertical Tab	ESC	Escape
FF	Form Feed	FS	File Separator
CR	Carriage Return	GS	Group Separator
SO	Shift Out	RS	Record Separator
SI	Shift In	US	Unit Separator
SP	Space	DEL	Delete

이 코드는 7비트를 이용하므로 128개의 문자를 나타낼 수 있다. 94개의 그래픽 문자와 34개의 제어문자 등 서로 다른 조합의 문자를 만들어낸다. 〈표 3-4〉에 아스키코드를 나타내었다.

3-4-2 EBCDIC 코드

자주 사용되는 알파뉴메릭 코드 중 또 다른 하나는 EBCDIC 코드(Extended Binary Coded for Decimal Interchange Code)이다. 이것은 8개 비트의 코드로서 알파벳의 소문자·대문자 및 여러 개의 다른 기호 및·명령들을 표현하는 코드이다.

아래에 EBCDIC 코드를 나타내었다.

<표 3-6> EBCDIC 코드

bit positions 3, 2 →	00				01				10				11			
bit positions 1, 0 →	00	01	10	11	00	01	10	11	00	01	10	11	00	01	10	11
bit positions 7,6,5,4 0000	NUL		DS		SP	&										
0001			SOS						a	j			A	J	S	1
0010			FS						b	k	s		B	K	T	2
0011		TM							c	l	t		C	L	U	3
0100	PF	RES	BYP	PN					d	m	u		D	M	V	4
0101	HT	NL	LF	RS					e	n	v		E	N	W	5
0110	LC	BS	EOB	UC					f	o	w		F	O	X	6
0111	DL	IL	PRE	EOT					g	p	x		G	P	Y	7
1000									h	q	y		H	Q	Z	8
1001									i	r	z		I	R		9
1010		CC	SM		ø	!		:								
1011						$	.	#								
1100					〈	*	%	@								
1101					(	)	-	'								
1110					+	;	〉	=								
1111	CU1	CU2	CU3		|		?	"								

3-5 패리티 비트 부호

디지털 시스템에서 데이터를 송수신할 때 전송과정에서 착오가 발생하지 않았는가를 검사하기 위하여 데이터에 어떤 규칙성을 갖도록 하고, 수신된 데이터의 규칙성을 검사함으로써 착오의 발생 여부를 확인할 수 있게 한다.

착오는 디지털 코드가 한 시스템에서 다른 시스템으로 이동할 때나,

한 개의 디지털 시스템 내에서도 한 점에서 다른 점으로 이동할 때 주로 많이 발생한다.

데이터 이동 시 데이터의 변화가 생기고, 1은 0으로, 0은 1로 변하여 착오가 발생하게 된다. 그러나 대부분의 디지털 시스템에서는 단일어에서 두 개 또는 그 이상의 비트에 착오가 발생하는 경우는 매우 적다. 그러므로 많은 디지털 시스템에서 비트의 착오를 검출하기 위해서 패리티 비트(parity bit)를 사용한다. 패리티 비트를 추가할 때는 시스템 설계 및 코드의 종류에 따라 어느 위치든 상관없다.

패리티 비트는 홀수 패리티와 짝수 패리티의 2가지가 있다.

홀수 패리티는 코드의 1의 전체 개수가 항상 홀수가 되도록 하기 위하여 정보 비트에 1이나, 0의 수를 부가시킨다.

짝수 패리티는 코드의 1의 전체 개수가 항상 짝수가 되도록 하기 위하여 정보 비트에 1이나 0의 수를 부가시킨다.

<표 3-7> 패리티 비트를 가진 BCD

10진수	BCD	홀수 패리티를 부가한 BCD	짝수 패리티를 부가한 BCD
0	0000	00001	00000
1	0001	00010	00011
2	0010	00100	00101
3	0011	00111	00110
4	0100	01000	01001
5	0101	01011	01010
6	0110	01101	01100
7	0111	01110	01111
8	1000	10000	10001
9	1001	10011	10010

예제 3-7

다음의 각 값에 짝수 패리티를 부가하여라.

① 11010 ② 11010100

풀이

① 11010은 1의 개수가 3개로 홀수 개이므로 1을 부가하면 4개로 짝수 개가 된다. 따라서 패리티 비트는 1이 된다. 짝수 패리티 값은 11010 1이 된다.

② 11010100 1의 개수가 4개로 짝수 개이므로 1을 부가하면 5개로 홀수 개가 된다. 따라서 패리티 비트는 0이 된다. 짝수 패리티 값은 11010100 0이 된다.

3-6 해밍 코드

패리티 코드는 착오 검출용 코드로써 패리티 비트를 부가하여 착오를 검출하지만 착오가 발생하면 정정할 수가 없다.

해밍 코드(Hamming code)는 R. W. Hamming이 고안한 코드로서 오류를 검출하고, 검출된 오류를 정정할 수 있도록 구성되어 있다. 해밍 코드는 정보 비트의 수에 따라 필요한 수만큼 패리티 비트를 사용하여 패리티 비트의 수를 결정하고, 정보 코드에 패리티 비트를 부가하여 완성된다. 아래에 해밍 코드를 구성하는 순서를 나열하였다.

3-6-1 부가할 패리티 비트의 수

코드의 비트 수가 M이면 패리티 비트의 수 p는 다음의 패리티 비트 수를 찾기 위한 식에서 조건을 만족하도록 정해 주어야 한다.

$$2^P \geq M + P + 1$$

(여기서 M = 정보 비트 수, P = 패리티 비트 수)

예를 들어 정보 코드가 1001이라면 M = 4가 되며, 윗식에서 $2^P \geq 4 + P + 1$의 식을 만족하는 P 의 수를 찾으면 된다. 윗식을 만족하는 P의 가장 작은 수인 P = 3을 선택하면 된다. 따라서 M = 4, P = 3이 되어 해밍 코드는 7비트로 구성된다.

3-6-2 패리티 비트의 위치

윗식에 의해 찾은 패리티 비트의 위치는 $2^n(n=0, 1, 2, 3, \cdots)$의 위치에 들어가게 된다.

즉, 4비트(M_1, M_2, M_3, M_4)로 표현된 자료를 해밍 코드로 나타내기 위해서는 3비트(P_1, P_2, P_3)의 패리티 비트를 추가하여 구성하여야 한다. 패리티 비트가 부가된 코드의 위치는 $P_1P_2M_1P_3M_2M_3M_4$가 된다.

3-6-3 패리티 비트의 값

정보 코드가 4비트일 때의 해밍코드의 비트 위치와 값을 〈표 3-8〉에 나타내었다.

<표 3-8> 해밍 코드의 비트 구성

비트 표시	P_1	P_2	M_1	P_3	M_2	M_3	M_4
비트 위치(10진)	1	2	3	4	5	6	7
비트 위치(2진)	001	010	011	100	101	110	111
정보 비트(M_n)							
패리티 비트(P_n)							

정보 코드가 4비트일 때의 패리티 비트의 수, 패리티 비트의 위치를 알고 있을 때 각 패리티 비트의 값을 찾기 위해서는 비트 자리(2진)의 1의 위치를 파악한다.

- P_1의 2진 비트 자리는 001이며, 1의 위치는 세 번째 자리에 위

치해 있다. 따라서 P_1은 1이 세 번째 자리에 있는 비트의 값을 파악한다.

P_1은 3(M_1), 5(M_2), 7(M_4)번째 값의 1의 개수를 파악한다.

- P_2의 2진 비트 자리는 010이며, 1의 위치는 두 번째 자리에 위치해 있다. 따라서 P_2는 1이 두 번째 자리에 있는 비트의 값을 파악한다.

  P_2는 3(M_1), 6(M_3), 7(M_4)번째 값의 1의 개수를 파악한다.

- P_3의 2진 비트 자리는 100이며, 1의 위치는 첫 번째 자리에 위치해 있다. 따라서 P_3은 1이 첫 번째 자리에 있는 비트의 값을 파악한다.

  P_3은 5(M_2), 6(M_3), 7(M_4)번째 값의 1의 개수를 파악한다.

예제 3-8

짝수 패리티를 사용하여 1011의 해밍 코드를 완성하여라.

풀이

① 부가할 패리티 비트의 수

정보 코드는 1011이므로 $M=4$가 되고, $2^P \geq M+P+1$에 적용하면 $2^p \geq 4+p+1=5+p$ 에서 $P=3$ 일 때 $2^3=8 \geq 5+3$

가장 작은 수의 P는 3이 된다.

② 패리티 비트의 위치

$2^n(n=0, 1, 2, 3, \cdots)$의 위치에 자리하게 되므로 P의 위치는 1, 2, 4번째에 위치하게 된다.

③ 패리티 비트의 값

비트 기호	P_1	P_2	M_1	P_3	M_2	M_3	M_4
비트 위치(10진)	1	2	3	4	5	6	7
비트 위치(2진)	001	010	011	100	101	110	111
정보 비트(M_n)			1		0	1	1
패리티 비트(P_n)	P_1	P_2		P_3			

- P_1의 2진 비트 자리는 001이며 1의 위치는 세 번째 자리에 위치해 있다. P_1은 1이 세 번째 자리에 있는 비트의 값을 파악해 보면 P_1은 3, 5, 7번째 값에 따라 전체 1의 개수가 짝수 개가 되도록 한다.

  $P_1 : P_1, M_1, M_2, M_4 = P_1, 1, 1, 1$이므로 $P_1 = 1$이 되어야 한다.
- P_2의 2진 비트 자리는 010이며, 1의 위치는 두 번째 자리에 위치해 있다. P_2는 1이 두 번째 자리에 있는 비트의 값을 파악해 보면 P_2는 3, 6, 7번째 값에 따라 전체 1의 개수가 짝수 개가 되도록 한다.

  $P_2 : P_2, M_1, M_3, M_4 = P_2, 1, 0, 1$이므로 $P_2 = 0$이 되어야 한다.
- P_3의 2진 비트 자리는 100이며, 1의 위치는 첫 번째 자리에 위치해 있다. P_3은 1이 첫 번째 자리에 있는 비트의 값을 파악해 보면 P_3은 5, 6, 7번째 값에 따라 전체 1의 개수가 짝수 개가 되도록 한다.

  $P_3 : P_3, M_2, M_3, M_4 = P_3, 1, 0, 1$이므로 $P_3 = 0$이 되어야 한다.

따라서 완성된 해밍 코드는 1010011이 된다.

예제 3-9

홀수 패리티를 사용하여 1010의 해밍 코드를 완성하여라.

풀이

① 부가할 패리티 비트의 수

정보 코드는 1010이므로 M = 4가 되고, $2^P \geq M + P + 1$에 적용하면 $2^p \geq 4 + p + 1 = 5 + p$ 에서 $P = 3$ 일 때 $2^3 = 8 \geq 5 + 3$

가장 작은 수의 P는 3이 된다.

② 패리티 비트의 위치

$2^n (n = 0, 1, 2, 3, \cdots)$의 위치에 자리하게 되므로 P의 위치는 1, 2, 4번째에 위치하게 된다.

③ 패리티 비트의 값

비트 기호	P_1	P_2	M_1	P_3	M_2	M_3	M_4
비트 위치(10진)	1	2	3	4	5	6	7
비트 위치(2진)	001	010	011	100	101	110	111
정보 비트(M_n)			1		0	1	0
패리티 비트(P_n)	P_1	P_2		P_3			

- P_1의 2진 비트 자리는 001이며 1의 위치는 세 번째 자리에 위치해 있다. P_1은 1이 세 번째 자리에 있는 비트의 값을 파악해 보면 P_1은 3, 5, 7번째 값에 따라 전체 1의 개수가 홀수 개가 되도록 한다.

  P_1 : P_1, M_1, M_2, M_4 = P_1, 1, 1, 1이므로 P_1 = 0이 되어야 한다.
- P_2의 2진 비트 자리는 010이며, 1의 위치는 두 번째 자리에 위치해 있다. P_2는 1이 두 번째 자리에 있는 비트의 값을 파악해 보면 P_2는 3, 6, 7번째 값에 따라 전체 1의 개수가 홀수 개가 되도록 한다.

  P_2 : P_2, M_1, M_3, M_4 = P_2, 1, 0, 1이므로 P_2 = 1이 되어야 한다.
- P_3의 2진 비트 자리는 100이며, 1의 위치는 첫 번째 자리에 위치해 있다. P_3은 1이 첫 번째 자리에 있는 비트의 값을 파악해 보면 P_3은 5, 6, 7번째 값에 따라 전체 1의 개수가 홀수 개가 되도록 한다.

  P_3 : P_3, M_2, M_3, M_4 = P_3, 1, 0, 1이므로 P_3 = 1이 되어야 한다.

따라서 완성된 해밍 코드는 0111010이 된다.

3-6-4 착오 교정

해밍 코드의 가장 주요한 특성은 착오검사 및 정정 기능이다. 해밍 코드를 사용하여 데이터를 송수신했을 때 수신된 데이터가 정확한 데이터인지 아닌지를 판별하여 수신된 데이터가 정확하지 않은 데이터일 경우는 정확한 값으로 정정을 하게 된다.

예를 들어, 짝수 패리티를 사용한 7비트 해밍 코드 0110010이 수신

되었을 경우 수신된 코드에 1비트의 착오가 있을 경우 이를 정정하는 방법을 알아보자.

해밍 코드는 〈표 3-9〉처럼 구성된다.

<표 3-9> 해밍 코드의 비트 검사(짝수 패리티)

비트 기호	P_1	P_2	M_1	P_3	M_2	M_3	M_4
비트 위치(10진)	1	2	3	4	5	6	7
비트 위치(2진)	001	010	011	100	101	110	111
수신 해밍 코드	0	1	1	0	0	1	0

정정하는 방법은 다음과 같다.

- 구분된 각 패리티 비트를 점검한다. 각 패리티 비트값이 맞는 값일 때는 0으로 비트값이 틀린 값일 때는 1로 표시한다.
- 마지막 패리티의 표시된 값부터 읽어온다.
- 읽은 값이 바로 잘못된 위치의 값이 된다.

위의 방법에 따라 패리티 비트를 점검한다.

① P_1의 2진 비트 자리는 001이며, 1의 위치는 세 번째 자리에 위치해 있다. 따라서 P_1은 1이 세 번째 자리에 있는 비트의 값을 살펴본다.

P_1는 1, 3, 5, 7번째 값에 따라 전체 1의 개수가 짝수가 되는가를 점검한다. 0, 1, 0, 0이므로 1의 개수가 홀수가 되어 틀림 1

- P_2의 2진 비트 자리는 010이며, 1의 위치는 두 번째 자리에 위치해 있다. 따라서 P_2는 1이 두 번째 자리에 있는 비트의 값을 살펴본다.

  P_2는 2, 3, 6, 7번째 값에 따라 전체 1의 개수가 짝수가 되는가를 점검한다. 1, 1, 1, 0이므로 1의 개수가 홀수가 되어 틀림 1

- P_3의 2진 비트 자리는 100이며, 1의 위치는 첫 번째 자리에 위치해 있다. 따라서 P_3은 1이 첫 번째 자리에 있는 비트의 값을 살펴본다.

  P_3는 4, 5, 6, 7번째 값에 따라 전체 1의 개수가 짝수가 되는가를 점검한다. 0, 0, 1, 0이므로 1의 개수가 홀수가 되어 틀림 1

② ①에서 구한 패리티 값 중 마지막 패리티 값부터 읽으면 111, 따라서 111은 10진수로 7이므로 7번째 자리의 비트값이 잘못되었다.

수신된 해밍 코드 0110010
교정된 해밍 코드 0110011

3-7 기타의 코드

착오 검출을 위한 몇 가지 특수한 코드들도 사용되고 있다. 2 out of 5 코드는 비가중치 코드이며, 각 코드 그룹에는 1이 항상 2개이다. 이런 특성 때문에 전화와 통신용으로 많이 사용되며 오류를 쉽게 검출할 수 있다. 이들 코드에서는 각 코드별로 1의 개수가 2개인가를 조사함으로써 오류가 발생된 코드를 색출한다.

biquinary 코드는 7비트로 구성되는데 각 코드는 2비트가 1의 값을 갖게 된다. 또한 이 코드의 가중치를 이용하여 일명 5043210 코드라고도 불린다.

biquinary 코드에서 주의할 것은 1의 값을 갖는 비트는 항상 2개지만 반드시 그 중 하나는 왼쪽의 두 비트 중에서 한 비트이고, 나머지 하나는 오른쪽 5비트 중에서 한 비트여야 한다는 점이다.

링 카운터 코드는 인식이 아주 쉽고 디지털 회로에서 가장 디코딩

(decoding)이 쉬운 코드이다. 비록 코드를 표시하는 데 10비트가 필요하지만 오류검출이 쉽기 때문에 디지털 회로에 많이 사용된다.

<표 3-10> 특수 코드

10진수	2 out of 5	biquinary 50 43210	ring-counter 9876543210
0	00011	01 00001	0000000001
1	00101	01 00010	0000000010
2	00110	01 00100	0000000100
3	01001	01 01000	0000001000
4	01010	01 10000	0000010000
5	01100	10 00001	0000100000
6	10001	10 00010	0001000000
7	10010	10 00100	0010000000
8	10100	10 01000	0100000000
9	11000	10 10000	1000000000

연습문제

1. 다음 10진수를 BCD 코드로 변환하여라.

(1) 32

(2) 61

(3) 857

2. 다음 BCD 코드를 10진수로 변환하여라.

(1)1100

(2) 00011000

(3) 10000011

3. 다음 BCD 코드의 가산을 하여라.

(1) 0011+0010

(2) 0100+1100

(3) 10000111+00000110

4. 다음 10진수의 값을 BCD로 변환하고 가산을 하여라.

(1) 4+3

(2) 35+23

(3) 285+187

5. 다음 10진수를 3코드로 변환하여라.

(1) 18

(2) 52

(3) 234

6. 다음 액세스-3 코드를 10진수로 변환하여라.

(1) 0111
(2) 1100 1001
(3) 11001010

7. 다음의 2진수를 그레이 코드로 변환하여라.

(1) 0101
(2) 1100101
(3) 1011101

8. 다음의 그레이 코드를 2진수로 변환하여라.

(1) 0100
(2) 1100
(3) 1100101

9. 다음 코드 각각에 대하여 짝수 패리티 및 홀수 패리티를 부가하여라.

(1) 1011
(2) 11001101
(3) 110100010101

10. 다음 정보 코드에 대하여 해밍 코드를 완성하여라.

(1) 1010 (짝수 패리티)
(2) 1101 (홀수 패리티)
(3) 11010 (짝수 패리티)
(4) 10101 (홀수 패리티)

11. 짝수 패리티를 갖는 7비트 해밍 코드에 대한 수신 정보가 1000011이다. 착오가 발생되었는지를 검사하고 만약 착오가 있다면 정정하여라.

제 4 장

불 대수와 논리 게이트

불 대수(Boolean algebra)는 논리적인 문제를 다루어 결과를 오직 두 종류의 값 참(TRUE)과 거짓(FALSE)으로 나타내는 수학의 한 이론이다. 1847년 영국 수학자 불(George Boole)에 의하여 제안되었다. 불 대수가 발표되고 전기적인 회로망의 해석에 도입한 사람은 클라우드 섀논(Claude E. Shannon)으로 전화교환기의 스위칭 문제에 적용하여 릴레이 회로의 스위칭 동작해석에 불 대수가 적용될 수 있음을 증명하였다.

수학에서의 참과 거짓은 스위치 이론에서의 ON, OFF로 2진수의 1과 0으로 대응된다. 따라서 디지털 시스템에서의 디지털 신호를 처리하기 위한 회로를 해석하고 설계하는 분야에 불 대수가 쓰이게 되는 것이다. 논리회로 설계에서 사용하는 기본적인 불 대수 공식은 공리의 집합과 공리로부터 얻어진 정리의 집합으로 되어 있으며 논리의 간략화에 이용된다.

디지털 시스템을 구성하기 위해서는 회로의 논리적 연산 및 입력의 조합과 출력의 형태, 그리고 회로의 전기적 특성을 이해하는 것이 무엇보다 중요하다. 또한 논리 게이트의 특성에 따른 입·출력의 상태를 표시하는 진리표(truth table)에 대한 이해가 필요하다.

4-1 불 대수의 기초

불 대수의 기본연산은 논리곱(AND), 논리합(OR), 부정(NOT)이다. 부정은 역(inverse)이며, 보수(complement)라고도 한다. 이러한 연산들은 불 상수 또는 불 변수들 간의 동작으로 정의된다. 불상수란 논리에서의 참과 거짓, 스위칭에서의 ON, OFF, 2진수에서의 0, 1로 정의되며, 디지털 시스템에서는 일반적으로 논리 0, 논리 1로 사용된다. 따라서 불 변수란 논리 0, 또는 논리 1을 가질 수 있는 2진 변수가 된다. 가장 일반적으로 사용되는 표현방법은 〈표 4-1〉과 같다.

<표 4-1> 논리적 표현

논리 0	논리 1
False off Low No 스위치 열림	True on High Yes 스위치 닫힘

4-1-1 논리연산

(1) 논리 부정연산(Logical Inverse Operation)

부정연산(NOT)은 입력과 출력의 상태가 서로 반대이다. 이것은 인버터에 해당하며, 입력이 1이면 출력은 0이 되고, 입력이 0이면 출력은 1로 반대로 나타난다. 부정연산에 대한 논리식은

$$Y = \overline{A} \tag{4-1}$$

로 표현되며, 이를 읽을 때는 not A, 혹은 A bar라고 읽는다. 부정연산에 대한 진리표는 〈표 4-2〉와 같다.

<표 4-2> 부정연산의 진리표

A	Y
0	1
1	0

(2) 논리곱 연산(Logicai AND Operation)

논리곱 연산(AND)은 입력변수가 모두 1일 때 출력변수가 1로 된다. 두 입력변수를 A, B라 하면, 출력변수 Y의 기본 게이트 함수에 대한

논리식은 다음과 같다.

$$Y=A \cdot B \tag{4-2}$$

이를 읽을 때는 A dot B, 혹은 A and B, AB라고 읽는다. 논리곱에 대한 진리표는 〈표 4-3〉과 같다.

〈표 4-3〉 논리곱연산의 진리표

A	B	Y
0	0	0
0	1	0
1	0	0
1	1	1

(3) 논리합 연산(Logicai OR Operation)

논리합연산(OR)은 입력변수 중 하나 이상의 입력변수가 1이 되면 출력변수가 1이 된다. 두 입력변수를 A, B라고 하면 출력변수 Y의 기본 게이트 함수에 대한 논리식은 다음과 같다.

$$Y=A+B \tag{4-3}$$

이를 읽을 때는 A plus B, 혹은 A or B 등으로 읽는다. 논리합에 대한 진리표는 〈표 4-4〉와 같다.

〈표 4-4〉 논리합의 진리표

A	B	Y
0	0	0
0	1	1
1	0	1
1	1	1

4-2 불 대수의 정리

불 대수의 정리는 디지털 시스템에서 회로의 기능을 설명하거나 설계에 유용하게 사용되는데 기본법칙으로는 일반 대수와 같이 교환법칙, 결합법칙 및 분배법칙의 3가지가 있다.

(1) 교환법칙

정의	A + B = B + A, A · B = B · A

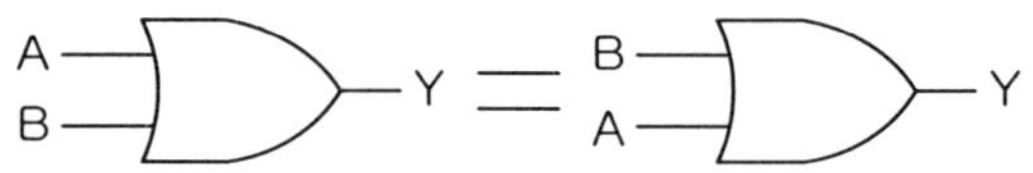

(a) (Y = A + B) = (Y = B + A)

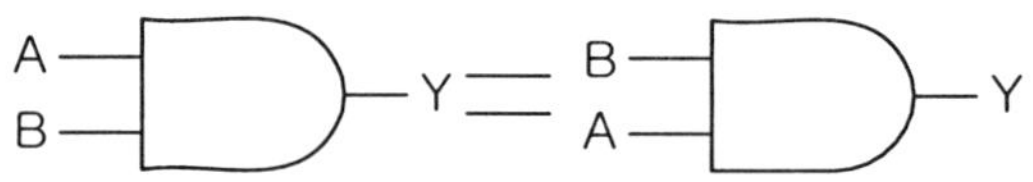

(b) (Y = A · B) = (Y = B · A)

[그림 4-1] 교환법칙

(2) 결합법칙

정의	A + (B + C) = (A + B) + C, A(BC) = (AB)C

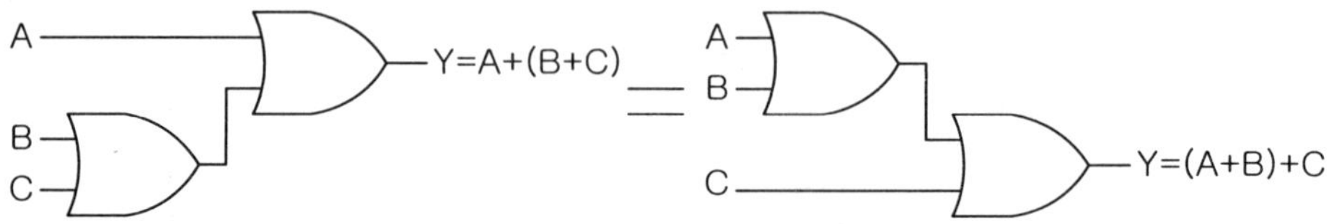

(a) A + (B + C) = (A + B) + C

[그림 4-2] 결합법칙(1)

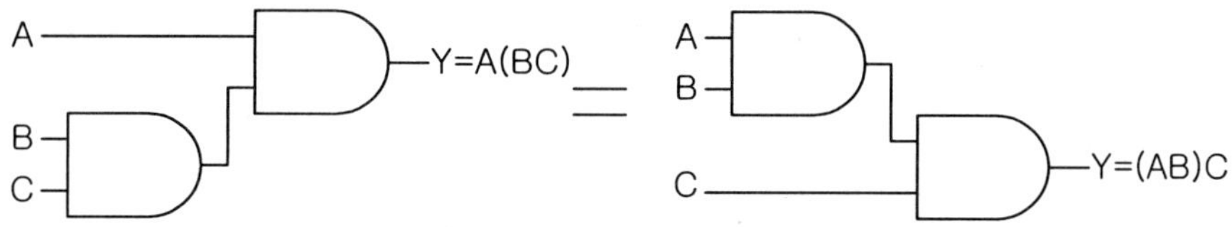

(b) A(BC) = (AB)C

[그림 4-2] 결합법칙(2)

(3) 분배법칙

정의	A(B+C) = AB+AC, A+(BC) = (A+B)(A+C)

〈표 4-5〉는 불 대수식을 계산하고 간략화하는 데 유용한 몇 개의 기본규칙을 나타낸 것이다.

〈표 4-5〉 불 대수의 규칙

1. $A+0=A$
2. $A+1=1$
3. $A \cdot 1=A$
4. $A \cdot 0=0$
5. $A+A=A$
6. $A+\overline{A}=1$
7. $A \cdot A=A$
8. $A \cdot \overline{A}=0$
9. $A = A$
10. $A+A \cdot B=A$
11. $A+\overline{A} \cdot B=A+B$
12. $(A+B) \cdot (A+C)=A+B \cdot C$

- 규칙 1 : 변수 A와 0의 OR 연산의 결과는 A와 같다. 즉, A가 0이면 결과는 0이 되고, A가 1이 되면 결과는 1이 된다.

- 규칙 2 : 변수 A와 1의 OR 연산의 결과는 1이다. 즉, A의 값에 관

계없이 연산결과는 1이 된다.

- 규칙 3 : A와 0의 AND 연산의 결과는 0이다. 즉, 한 입력변수의 값이 0이면 나머지 입력변수의 값에 관계없이 결과는 항상 0이 된다.

- 규칙 4 : A와 1의 AND 연산의 결과는 A와 같다. 즉, A가 1이면 결과는 1, A가 0이면 결과는 0이 된다.

- 규칙 5 : 2 입력변수가 모두 A이면 OR 연산의 결과는 A와 같다. 즉, 만일 A가 0이면 결과는 0, A가 1이면 결과는 1이 된다.

- 규칙 6 : 입력변수 A와 그 보수 $\overline{A}$를 OR 연산하면 결과는 항상 1이 된다. 즉, A가 0이면 $0+\overline{0}=1$, A가 1이면 $1+\overline{1}=1$이 된다.

- 규칙 7 : 2 입력변수가 모두 A이면 AND 연산의 결과는 A와 같다. 즉, 만일 A가 0이면 결과는 0, A가 1이면 결과는 1이 된다.

- 규칙 8 : 입력변수 A와 그 보수 $\overline{A}$를 AND 연산하면 결과는 항상 1이 된다. 즉, A가 0이면 $0+\overline{0}=1$, A가 1이면 $1+\overline{1}=1$이 된다.

- 규칙 9 : 만일 변수 A가 두 번 보수가 되면 그 결과는 A가 된다.

- 규칙 10은 분배법칙 및 규칙 2와 4를 이용하여 증명할 수 있다.

$$\begin{aligned} A+AB &= A(1+B) && \text{(분배법칙, 규칙 2)} \\ &= A\cdot 1 && \text{(규칙 4)} \\ &= A \end{aligned}$$

- 규칙 11은 다음과 같이 증명할 수 있다.

$$\begin{aligned} A+\overline{A}B &= (A+AB)+\overline{A}B && \text{(규칙 10)} \\ &= (AA+AB)+\overline{A}B && \text{(규칙 7)} \\ &= AA+AB+A\overline{A}+\overline{A}B && \text{(규칙 8)} \end{aligned}$$

$= (A + \overline{A})(A + B)$	(인수분해)
$= 1 \cdot (A + B)$	(규칙 6)
$= A + B$	(규칙 4)

■ 규칙 12는 다음과 같이 증명할 수 있다.

$(A + B)(A + C) = AA + AC + AB + BC$	(분배법칙)
$= A + AC + AB + BC$	(규칙 7)
$= A(1 + C) + AB + BC$	(분배법칙, 규칙 7)
$= A \cdot 1 + AB + BC$	(규칙 2)
$= A(1 + B) + BC$	(분배법칙)
$= A \cdot 1 + BC$	(규칙 2)
$= A + BC$	(규칙 4)

예제 4-1

다음 논리식을 간단히 하여라.

$Y = A \cdot (A + B \cdot C)$

풀이

$$
\begin{aligned}
Y &= A \cdot (A + B \cdot C) \\
&= A \cdot A + A \cdot B \cdot C \\
&= A + A \cdot B \cdot C \\
&= A \cdot (1 + B \cdot C) \\
&= A \cdot 1 \\
&= A
\end{aligned}
$$

예제 4-2

다음 논리식을 간단히 하여라.

$Y = WX + XY + WY + X\overline{Y}$

풀이

$$
\begin{aligned}
Y &= WX + XY + WY + X\overline{Y} \\
&= W(X+Y) + X(Y+\overline{Y}) \\
&= W(X+Y) + X \cdot 1 \\
&= W(X+Y) + X
\end{aligned}
$$

예제 4-3

다음 논리식을 간단히 하여라.

$$Y = \overline{A}BC + \overline{A}B\overline{C} + AC$$

풀이

$$
\begin{aligned}
Y &= \overline{A}BC + \overline{A}B\overline{C} + AC \\
&= \overline{A}B(C+\overline{C}) + AC \\
&= \overline{A}B \cdot 1 + AC \\
&= \overline{A}B + AC
\end{aligned}
$$

4-3 쌍대의 원리

임의의 논리관계에서 0을 1로, 1을 0으로, OR(+)는 AND(·)로, AND(·)는 OR(+)로 교환해 놓은 논리관계를 쌍대의 원리라 한다. 불 함수에서는 1과 0, +와 ·를 동시에 교환한 식은 반드시 성립한다.

예를 들면

$$
\begin{array}{c}
(X \cdot Y) + Z = (X+Z) \cdot (Y+Z) \\
\downarrow \quad \downarrow \qquad\quad \downarrow \quad \downarrow \quad \downarrow \\
(X+Y) \cdot Z = (X \cdot Z) + (Y \cdot Z)
\end{array}
$$

이 된다.

4-4 드모르간의 정리

드모르간(De Morgan)은 불 대수를 발전시킨 논리학자이며 수학자로서 다음과 같은 중요한 두 가지의 정리를 제안하였다. 그 정리는 다음과 같은 식으로 표시된다.

$\overline{A \cdot B} = \overline{A} + \overline{B}$: "곱의 보수는 각 보수의 합과 같다"

$\overline{A + B} = \overline{A} \cdot \overline{B}$: "합의 보수는 각 보수의 곱과 같다"

이 정리는 변수의 합(OR)이나 곱(AND)의 형태를 서로 바꾸면서 논리식을 간략화하는 데 유용하다.

그리고 드모르간의 정리는 AND 연산과 OR 연산은 NOT(보수) 연산을 이용하면 서로 호환될 수 있음을 의미한다. 따라서, NAND 또는 NOR만으로 모든 논리회로의 변환이 가능케 된다.

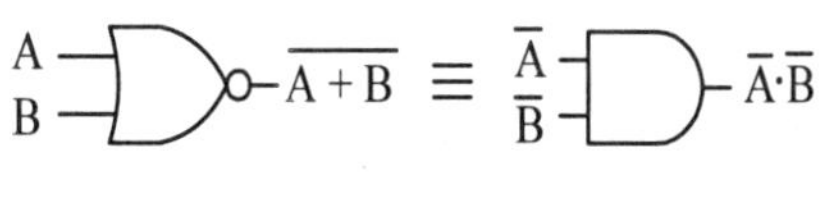

A B	$\overline{A+B}$	$\overline{A} \cdot \overline{B}$
0 0	1	1
0 1	0	0
1 0	0	0
1 1	0	0

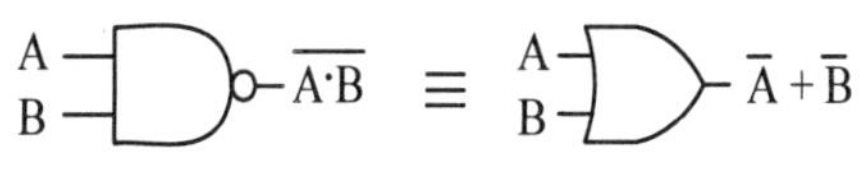

A B	$\overline{A \cdot B}$	$\overline{A} + \overline{B}$
0 0	1	1
0 1	1	1
1 0	1	1
1 1	0	0

[그림 4-3] 게이트 회로와 드모르간 정리 증명

예제 4-4

다음 논리식들을 드모르간의 정리를 이용하여 변환시켜라

① $(\overline{ABC})$

② $\overline{A+B+C+D}$

③ $\overline{A+\overline{B}}$

풀이

① $(\overline{ABC}) = \overline{A}+\overline{B}+\overline{C}$

② $\overline{A+B+C+D} = \overline{A}\cdot\overline{B}\cdot\overline{C}\cdot\overline{D}$

③ $\overline{A+\overline{B}} = \overline{A}\cdot\overline{\overline{B}} = \overline{A}\cdot B$

4-5 AND 게이트

AND 게이트는 일반적으로 AND 함수라 하는 논리합의 기본 연산을 행하는 것으로 2개의 입력변수 A, B에 대한 논리 AND 연산은 A · B로 표시한다.

A · B는 A와 B가 모두 논리 1의 값을 가질 때에만 1을 출력하고, 기타의 경우에는 0을 출력한다.

AND 게이트의 기호는 [그림 4-4]와 같으며, 논리식은 다음과 같다.

$$Y = A \cdot B$$

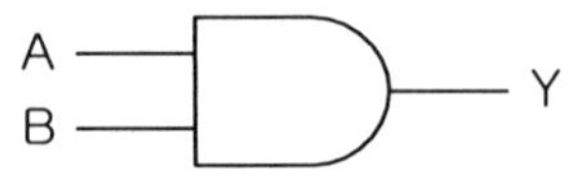

[그림 4-4] AND 게이트의 기호

이에 대한 진리표는 〈표 4-6〉과 같다.

<표 4-6> AND 게이트의 진리표

입력		출력
A	B	Y
0	0	0
0	1	0
1	0	0
1	1	1

아래의 [그림 4-5]는 AND 게이트의 입력파형과 출력파형을 나타낸 것이다.

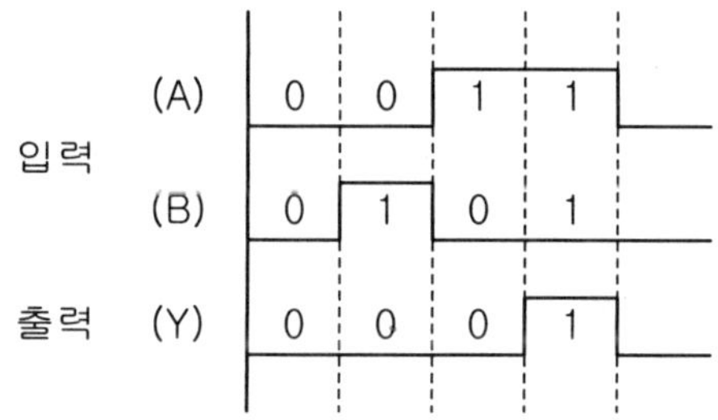

[그림 4-5] AND 게이트의 입력파형과 출력파형

4-6 OR 게이트

OR 게이트는 일반적으로 OR 함수라 하는 논리합의 기본연산을 행하는 것으로 2개의 입력변수 A, B에 대한 논리 OR 연산은 A+B로 표시한다.

A+B는 A 또는 B가 논리 1의 값을 가질 때 1을 출력하고, 두 입력이 모두 0인 경우에는 0을 출력한다.

OR 게이트의 기호는 [그림 4-6]과 같으며, 논리식은 다음과 같다.

$$Y = A + B$$

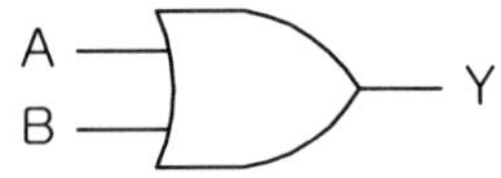

[그림 4-6] OR 게이트의 기호

이에 대한 진리표는 ⟨표 4-7⟩과 같다.

<표 4-7> OR 게이트의 진리표

입 력		출 력
A	B	Y
0	0	0
0	1	1
1	0	1
1	1	1

아래의 [그림 4-7]은 OR 게이트의 입력파형과 출력파형을 나타낸 것이다.

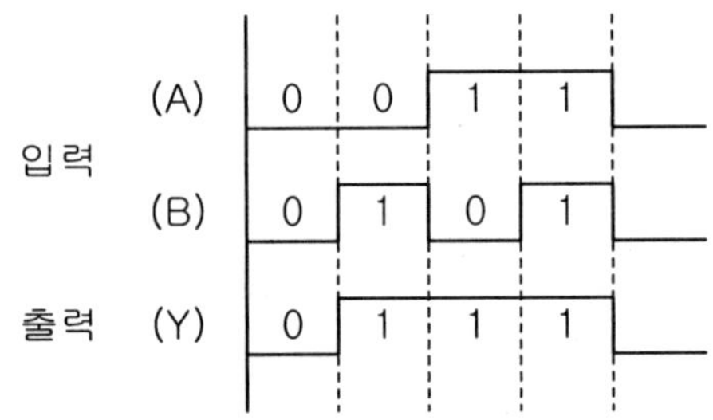

[그림 4-7] OR 게이트의 입력파형과 출력파형

4-7 NOT 게이트

NOT 게이트는 입력과 출력의 상태값이 서로 반대로 되는 기본논리 함수이며, 인버터(inverter)라 부른다. 즉, 논리 레벨 1을 입력으로 인가했을 때 출력은 논리 레벨 0으로, 논리 레벨 0의 입력을 인가했을 때 출력은 논리 레벨 1로 나타난다.

NOT 게이트의 기호는 [그림 4-8]과 같으며, 논리식은 다음과 같다.

$$Y = \overline{A}$$

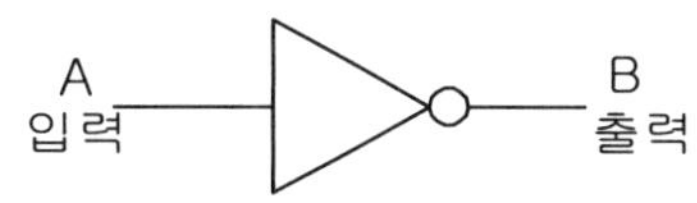

[그림 4-8] NOT 게이트의 기호

이에 대한 진리표는 〈표 4-8〉과 같다.

〈표 4-8〉 NOT 게이트의 진리표

입 력	출 력
A	Y
0	1
1	0

그리고 NOT 게이트에서 [그림 4-9]와 같이 입력파형과 출력파형은 항상 반대로 된다.

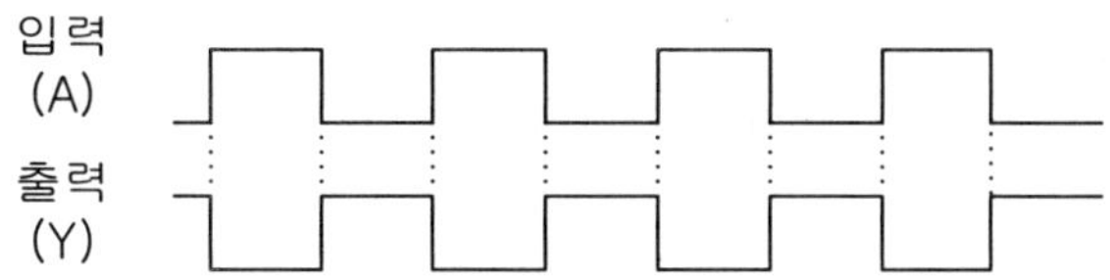

[그림 4-9] NOT 게이트의 입력파형과 출력파형

4-8 NAND 게이트

NAND 게이트는 AND 게이트에 NOT 게이트를 더한 것으로서 AND 함수의 출력을 반전한 것이다. 2개의 입력변수 A, B에 대한 논리 NAND 연산은 $\overline{A \cdot B}$로 표시한다.

NAND 게이트의 논리적 연산은 입력이 모두 1일 때만 0으로 출력이 되는 것이고, 입력 중 어느 하나라도 0일 때 출력이 1이 된다.

NAND 게이트의 기호는 [그림 4-10]과 같으며, 논리식은 다음과 같다.

$$Y = \overline{A \cdot B} = \overline{A} + \overline{B}$$

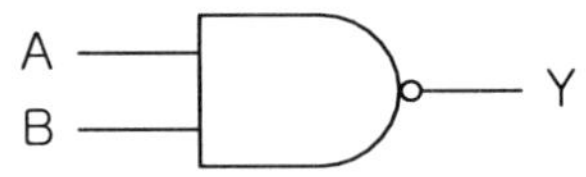

[그림 4-10] NAND 게이트의 기호

이에 대한 진리표는 〈표 4-9〉와 같다.

〈표 4-9〉 NAND 게이트의 진리표

입 력		출 력
A	B	Y
0	0	1
0	1	1
1	0	1
1	1	0

아래의 [그림 4-11]은 NAND 게이트의 입력파형과 출력파형을 나타낸 것이다.

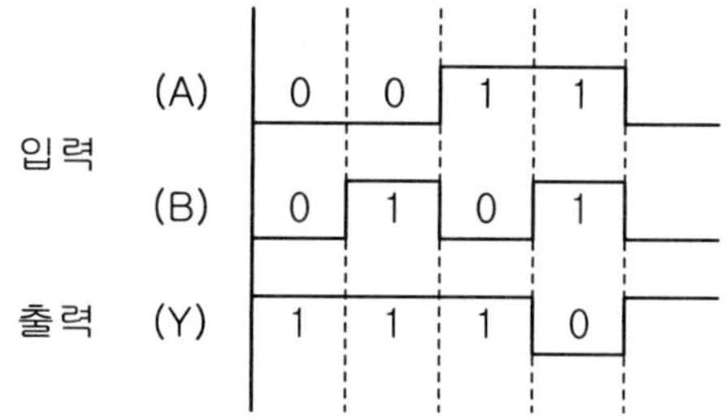

[그림 4-11] NAND 게이트의 입력파형과 출력파형

4-9 NOR 게이트

NOR 게이트는 OR 게이트에 NOT 게이트를 더한 것으로서 OR 함수의 출력을 반전한 것이다. 2개의 입력변수 A, B에 대한 논리 NOR 연산은 $\overline{A+B}$ 로 표시한다.

NOR 게이트의 논리적 연산은 입력 중 어떤 하나라도 1일 때 0으로 출력이 되는 것이고, 모든 입력들이 0일 때만 출력이 1이 되는 것이다.

NOR 게이트의 기호는 [그림 4-12]와 같으며, 논리식은 다음과 같다.

$$Y = \overline{A+B} = \overline{A} \cdot \overline{B}$$

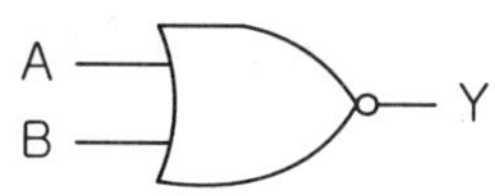

[그림 4-12] NOR 게이트의 기호

이에 대한 진리표는 〈표 4-10〉과 같다.

<표 4-10> NOR 게이트의 진리표

입 력		출 력
A	B	Y
0	0	1
0	1	0
1	0	0
1	1	0

아래의 [그림 4-13]은 NOR 게이트의 입력파형과 출력파형을 나타낸 것이다.

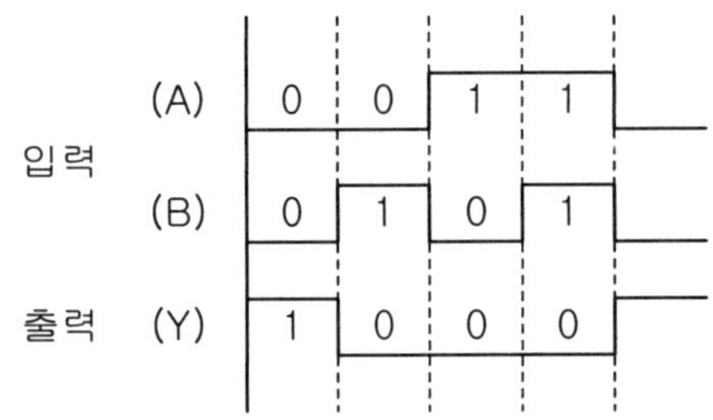

[그림 4-13] NOR 게이트의 입력파형과 출력파형

4-10 Exclusive-OR 게이트

Exclusive-OR(X-OR)은 배타적 OR 회로로서 입력값 A, B가 서로 일치하지 않을 때 출력 Y가 1로 된다. 그러나 A와 B가 모두 1 또는 0일 때, 입력값이 일치했을 때는 출력 Y가 0으로 된다. 2개의 입력변수 A, B에 대한 배타적 OR 연산은 A⊕B로 표시한다.

X-OR의 기호는 [그림 4-14]와 같으며, 논리식은 다음과 같다.

$Y = A \oplus B$

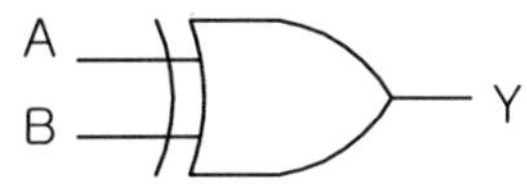

[그림 4-14] X-OR 게이트

이에 대한 진리표는 〈표 4-11〉과 같다.

<표 4-11> X-OR 게이트의 진리표

입 력		출 력
A	B	Y
0	0	0
0	1	1
1	0	1
1	1	0

〈표 4-11〉에서 $A=0$, $B=1$일 때 $Y=1$이 되고, $A=1$, $B=0$일 때 $Y=1$이 된다.

출력 Y를 식으로 표현하면 다음과 같다.

$$Y = \overline{A}B + A\overline{B}$$

이 출력 Y를 AND, OR, NOT게이트를 사용하여 회로로 나타내 보면 [그림 4-15]와 같다.

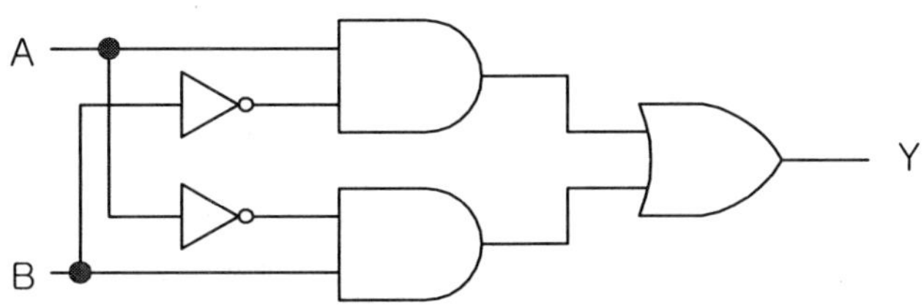

[그림 4-15] X-OR의 논리회로

또한, A, B가 서로 일치하지 않을 때 출력 Y가 0이 되며, A와 B가 모두 1 또는 0일 때 즉, 입력 값이 일치했을 때는 출력 Y가 1이 되는 회로를 Exclusive-NOR(X-NOR)라 한다. X-NOR의 기호는 [그림 4-16]과 같으며, 논리식은 다음과 같다.

$$Y = \overline{A \oplus B} = A \odot B$$

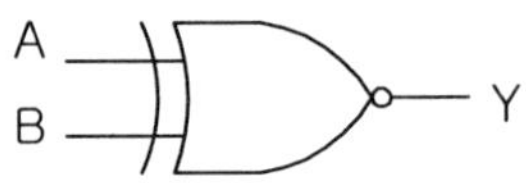

[그림 4-16] X-NOR 게이트

이에 대한 진리표는 〈표 4-12〉와 같다.

<표 4-12> X-NOR 게이트의 진리표

입 력		출 력
A	B	Y
0	0	1
0	1	0
1	0	0
1	1	1

4-11 버 퍼

버퍼(Buffer) 게이트는 논리연산을 수행하는 것이 아니고, 입력된 데이터를 그대로 출력으로 보내는 역할만 하는 게이트다. 이는 감쇠된 신호를 정상으로 증폭시키는 역할을 수행하며 팬-아웃을 늘려주거나 시간지연을 갖게 하는 등의 역할을 한다.

버퍼의 기호는 [그림 4-17]과 같으며, 논리식은 다음과 같다.

$Y = A$

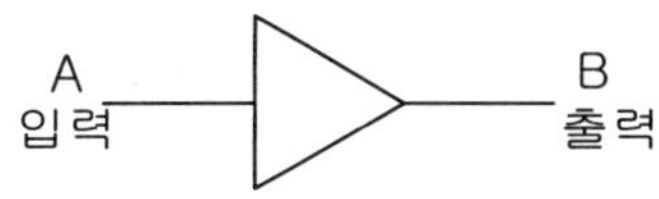

[그림 4-17] 표준 버퍼 기호

이에 대한 진리표는 〈표 4-13〉과 같다.

<표 4-13> 버퍼의 진리표

입 력	출 력
A	Y
0	0
1	1

4-12 NAND 게이트와 NOR 게이트의 응용

NAND 게이트와 NOR 게이트는 AND, OR, NOT 게이트의 기능을 수행하도록 논리회로를 만들 수 있는 논리 게이트로 조합 논리회로에서 많이 사용된다. AND 게이트와 OR 게이트를 사용한 조합 논리회로 설계 시 NAND 게이트와 NOR 게이트로 변환하여 설계할 수 있다.

4-12-1 NAND 게이트 응용

NAND 게이트는 NOT 게이트와 AND 게이트를 조합한 것으로 NOT 게이트, AND 게이트 및 OR 게이트를 사용한 논리회로로 변환이 가능하다.

먼저 NAND 게이트로 NOT 게이트를 만들려면 [그림 4-18 (a)]와 같이 입력을 서로 연결하면 된다.

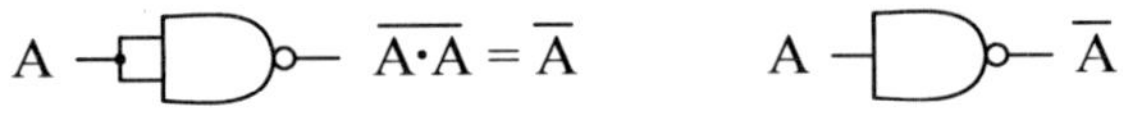

(a) (b)

[그림 4-18] NOT 게이트에서의 NAND 게이트

A = 0이면 [그림 4-18 (a)]의 출력은

$$\overline{A} \cdot A = \overline{0} \cdot 0 = \overline{0} = \overline{A} = 1$$

가 되고, 또 A = 1이면

$$\overline{A} \cdot A = \overline{1} \cdot 1 = \overline{1} = 0 = \overline{A}$$

가 된다. 또한, NAND 게이트만으로 NOT 게이트를 만들 때는 [그림 4-18 (b)]와 같이 나타내기도 한다.

NAND 게이트로 AND 게이트를 만들려면 [그림 4-19 (a)]와 같이 연결하면 된다. 처음 NAND 게이트의 출력은 $\overline{AB}$가 되고, 두 번째 NAND 게이트의 출력은 $\overline{\overline{AB}}$, 즉 AB이다. NAND 게이트를 사용하여 OR 게이트도 [그림 4-19 (b)]와 같이 만들 수가 있다. 즉, 처음 두 개의 NAND 게이트는 A와 B를 $\overline{A}$와 $\overline{B}$로 바꾸면 둘째 NAND 게이트의 출력은 $\overline{\overline{A} \cdot \overline{B}}$이므로 드모르간(De Morgan) 정리에 의해 다음과 같이 된다.

$$\overline{\overline{A} \cdot \overline{B}} = \overline{\overline{A}} + \overline{\overline{B}} = A + B$$

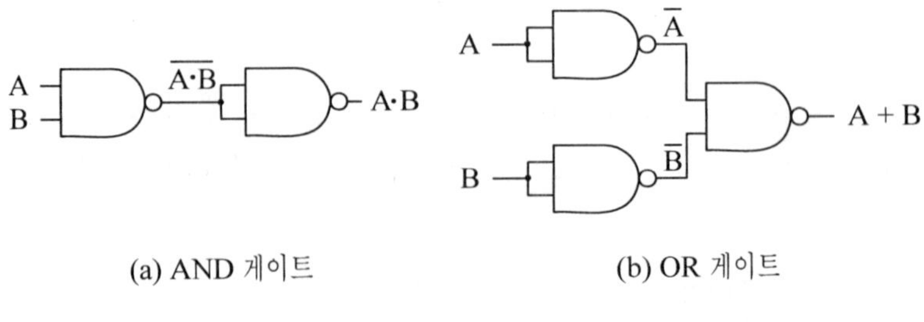

(a) AND 게이트 (b) OR 게이트

[그림 4-19] NAND 게이트를 이용한 AND, OR 게이트

예제 4-5

NAND 게이트만을 사용하여 다음의 논리회로도를 그려라.

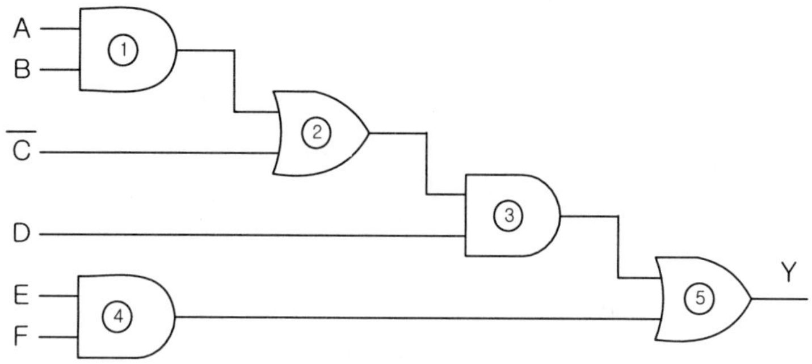

풀이

1) 먼저 ②번, ⑤번 OR 게이트를 변환하기 위해 입력변수에 NOT을 붙이면 다음과 같다.

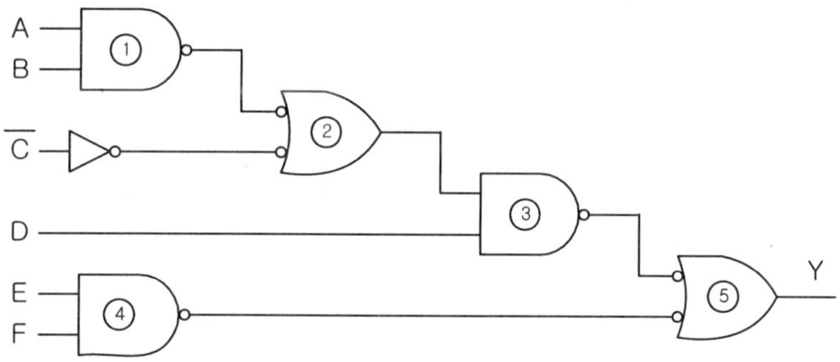

2) 1)에서 붙인 NOT과 ②번, ⑤번 OR 게이트에 드모르간의 정리를 적용하면 아래와 같이 NAND 게이트만을 사용한 논리회로로 변형시킬 수 있다.

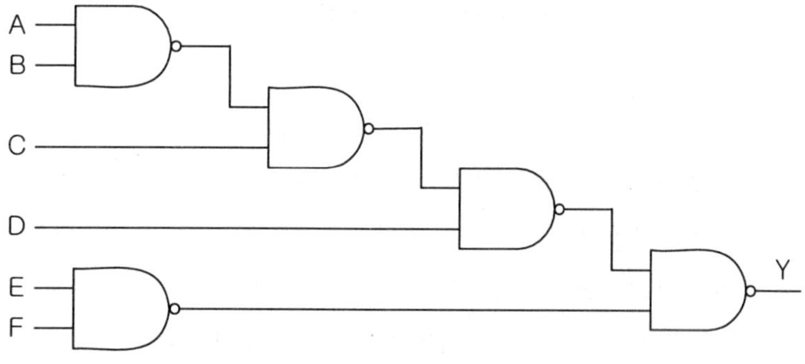

예제 4-6

NAND 게이트만을 사용하여 논리식 $AB+\overline{A}C$의 논리회로도를 그려라.

풀이

1) 그림 4-20 (a)처럼 AND, OR 게이트를 사용한 회로를 그리고 AND 게이트의 출력에 NOT를 붙이고 OR 게이트의 입력에 역시 NOT를 붙인다.

2) 드모르간의 정리를 적용하면 논리식의 출력에 영향을 주지 않으면서도 [그림 4-20 (c)]와 같은 NAND 회로로 변형시킬 수 있다.

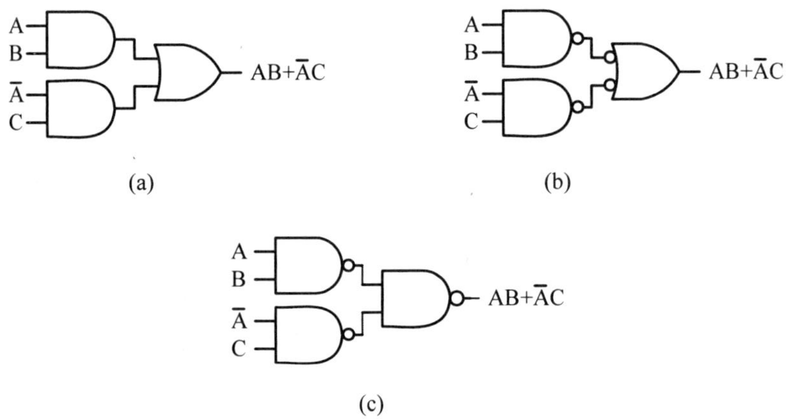

[그림 4-20] $AB+\overline{A}C$의 논리회로도

4-12-2 NOR 게이트 응용

NOR 게이트는 NOT 게이트와 OR 게이트를 조합한 것으로 NOT 게이트와 AND 게이트 및 OR 게이트를 사용한 논리회로로 변환이 가능하다. NOR 게이트는 임의의 불 함수를 구현하는 데 사용될 수 있는 또 다른 범용 게이트이다. OR 게이트를 사용한 AND, OR, NOT 연산의 구현이 [그림 4-21]에 나타나 있다.

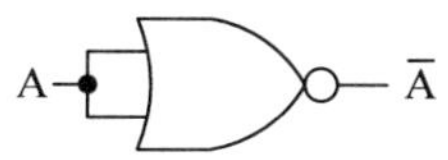

(a) NOT 게이트

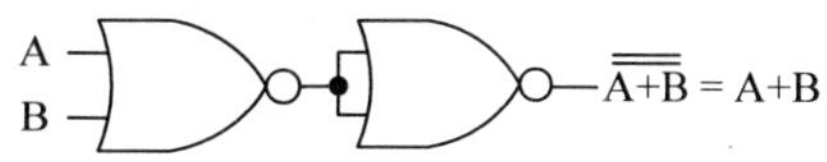

(b) OR 게이트

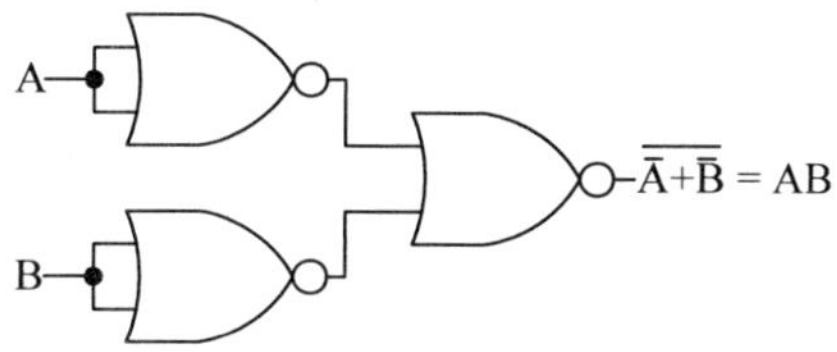

(c) AND 게이트

[그림 4-21] NOR 게이트를 이용한 NOT, OR, AND 게이트

예제 4-7

NOR 게이트만을 사용하여 다음의 논리회로도를 그려라.

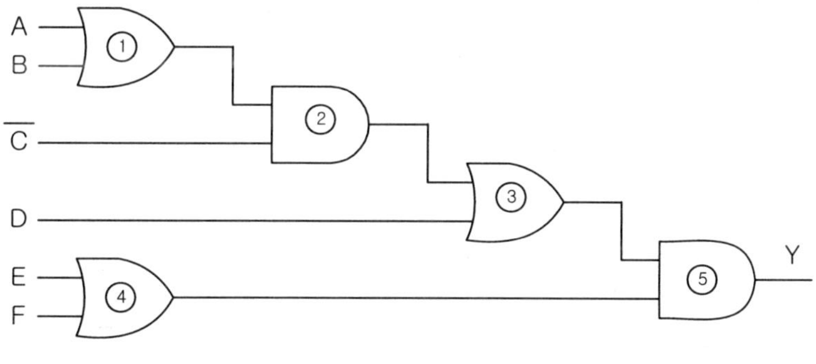

풀이

1) 먼저 ②번, ⑤번 AND 게이트를 변환하기 위해 입력에 NOT을 붙이면 다음과 같다.

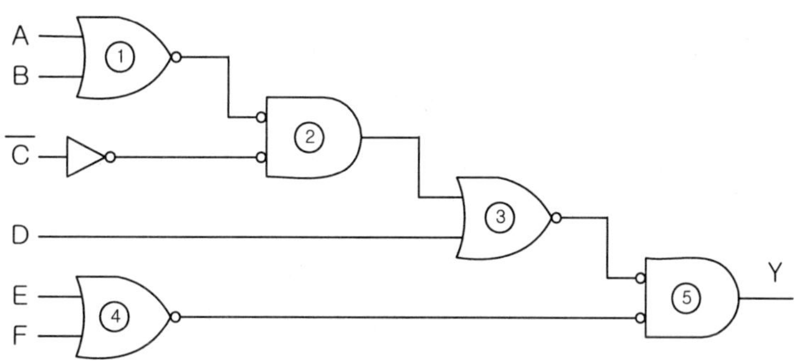

2) 1)에서 붙인 NOT과 ②번, ⑤번 AND 게이트에 드모르간의 정리를 적용하면 아래와 같이 NAND 게이트만을 사용한 논리회로로 변형시킬 수 있다.

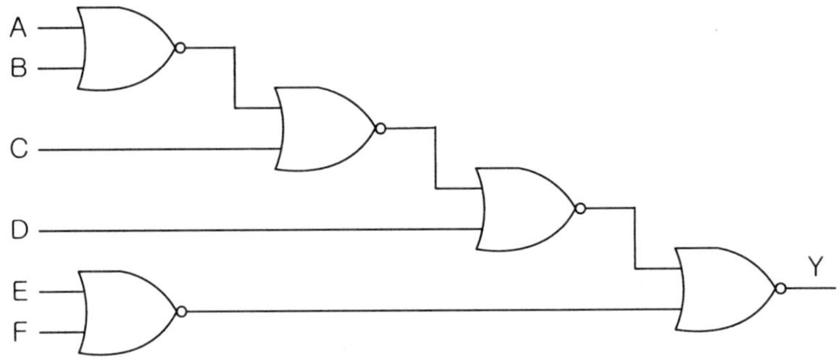

4-13 기타 디지털 논리 IC

회로 구성에 따라 하이브리드(hybrid) IC, 모놀리딕(monolithic) IC가 있다. 하이브리드 IC는 트랜지스터나 FET 등의 능동소자와 저항, 콘덴서 등을 조합한 것으로 진공 증착이나 스퍼터링(sputtering)으로 얇은 기판 위에 만드는 것으로 높은 정밀도를 갖고 있으며, 소량생산에 적합하다.

모놀리딕 IC는 대부분의 전자회로를 능동소자만으로 구성하는 것이 가능하게 되어 그 결과 수 밀리(mm) 각의 실리콘 결정 위에 복잡한 전자회로를 만들 수가 있게 된 것으로 대량생산에 적합하고, 품질의 균일성도 우수하여 현재는 IC의 주류로 되어 있다.

디지털 IC는 외부형태에 따라 DIP(Dual Inline Package)형, SIP (Single Inline Package)형, 트랜지스터형, 플랫 패키지형, 하이브리드형으로 나누어진다.

디지털 IC는 보통 DIP형이다. 본체의 양측에 핀이 2열로 병행하여 있고, 핀 간격이 2.54mm(0.1인치)의 것이 표준이나 이 이외에도 그

절반의 핀 간격으로 소형화를 목적으로 하는 것도 있다. 현재 사용되는 디지털 IC는 집적 규모에 따라 5가지로 분류되며, 일반적으로 소자 수 100개 이하의 것을 SSI(Small Scale Integration), 소자 수 100～1000개의 것을 MSI(Medium Scale Integration), 소자 수 1000개 이상을 LSI(Large Scale Integration), 그리고 소자 수 10,000개 이상을 VLSI(Very Large Scale Integration), 또한 수십만 개 이상을 ULSI(Ultra Large Scale Integration)라 한다.

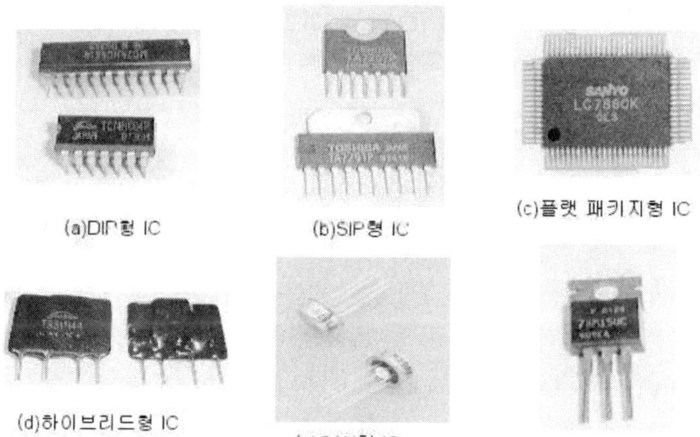

(a)DIP형 IC (b)SIP형 IC (c)플랫 패키지형 IC

(d)하이브리드형 IC (e)CAN형 IC (f)몰드형 IC

[그림 4-22] 외형에 따른 IC의 종류

다음은 용도에 따른 다양한 구조의 IC를 알아보기로 한다.

4-13-1 RTL 논리 게이트

RTL(Resistor-Transistor Logic) 논리 게이트는 [그림 4-23]과 같이 입력 측에 트랜지스터와 저항을 연결한 것으로 소비전력이 적으며, 소자 크기가 작고, 가격이 저렴하다. 그러나 동작속도가 늦고, 상태 1과 0 사이의 전압 변화차가 적어 잡음 여유도가 작으며 팬-아웃이 적어 현재는 많이 사용 않는다.

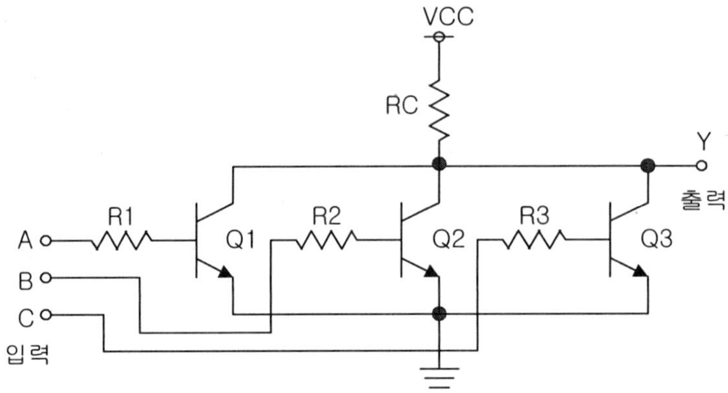

[그림 4-23] RTL 논리 게이트

[그림 4-23]에서 입력 A, B, C 중 한 입력이 1 상태이면 그 트랜지스터는 전도 상태로 되고, 출력 Y는 0 상태로 된다. 입력 A, B, C가 모두 0 상태이면 세 개의 트랜지스터 모두 차단상태로 되고, 출력 Y는 1의 상태가 된다. 이러한 회로는 NOR 게이트의 동작을 한다.

[그림 4-23]에서 입력저항 R1, R2, R3과 병렬로 콘덴서를 삽입하면 트랜지스터 Q1, Q2, Q3의 베이스 저항을 높일 수 있다. 이것은 병렬용량의 스피드업 효과 때문이다. 또한 콘덴서를 삽입함으로써 소비전력은 적으나 잡음에 약하다는 단점이 있다. RTL 게이트는 Low 전압 잡음 여유도가 약 0.5[V] 정도이고, 전력소모가 12[mW] 정도이며, 전파지연은 약 25[ns]이다.

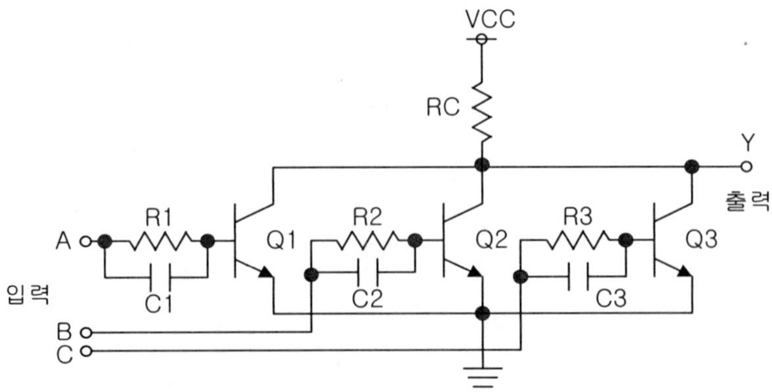

[그림 4-24] 개선된 RTL 논리 게이트

4-13-2 HTL 논리 게이트

HTL(High-Treshold Logic) 논리 게이트는 현재는 사용되지 않은 DTL 논리 게이트를 [그림 4-25]처럼 개선시킨 후 D4 다이오드 대신 제너 다이오드를 사용한 것이다.

HTL 논리 게이트는 [그림 4-26]과 같다.

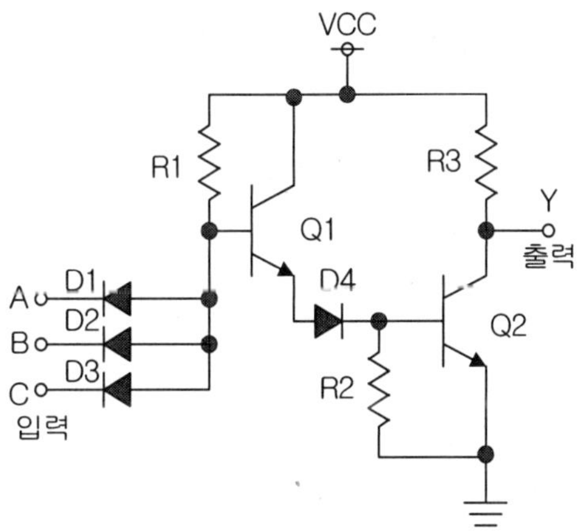

[그림 4-25] DTL 논리 게이트

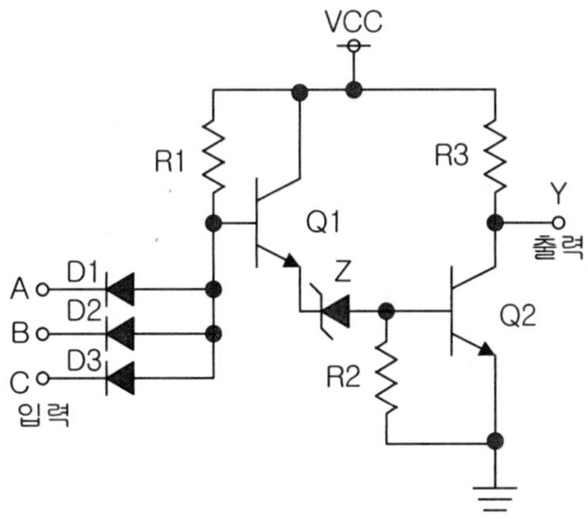

[그림 4-26] HTL 논리 게이트

[그림 4-26]에서 Q2의 베이스-이미터 간 전압 V_{BE}=0.6[V]와 제너 전압 6.9[V] 이상이 되면 Q2 트랜지스터가 동작한다. 입력 A, B, C 중 어느 하나 이상 낮은 전압이 되면 Q1이 off되고, 따라서 Q2가 off로 되어 출력 Y는 V_{CC}가 된다. 또한 입력 A, B, C가 모두 높은 전압이 되면, 다이오드 D1, D2, D3가 차단상태가 되고, Q1이 on되어 Q2가 on으로 되고, 출력 Y는 0[V]가 된다. 따라서 [그림 4-26]은 HTL의 NAND 게이트로 동작하게 된다.

HTL은 잡음 여유도가 큰 논리 게이트로 잡음 레벨이 상당히 높은 모터, 단속제어 회로 및 고압 스위치 등에 많이 사용된다.

4-13-3 ECL 논리 게이트

ECL(Emitter Coupled Logic) 논리 게이트는 이미터 결합 논리회로이다. ECL 회로는 기본적으로 비포화형이고, 매우 높은 속도로 작동되는 논리 게이트이다. [그림 4-27]은 기본적인 ECL 논리 게이트와 논리기호를 보인 것이다. [그림 4-27]에서 적절한 비포화 동작을 할 수 있게 하기 위해서 바이어스 트랜지스터가 필요하고 3개의 전원이 필요하다.

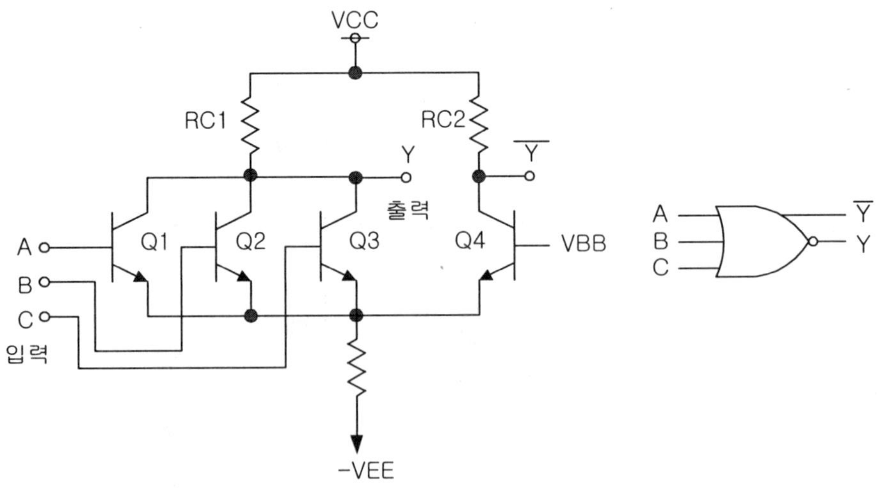

(a) 논리회로 (b) 논리기호

[그림 4-27] ECL 회로

ECL 게이트는 다른 논리 게이트보다 동작속도가 가장 빠르며, 출력을 묶게 되면 와이어드-OR(wired-OR)를 얻을 수 있으나, 소비전력이 가장 큰 것이 단점이다. 또한 두 논리 레벨 간의 차가 800[mV] 정도로 작아서 잡음 여유도가 ±200[mV]밖에 안 되고, 용량성 부하로 인해 팬-아웃이 제한된다.

4-13-4 IIL 논리 게이트

IIL(Integrated Injection Logic) 논리 게이트는 하나의 칩 속에 집적도를 매우 높인 것이다. IIL의 기본 논리 게이트는 [그림 4-28]과 같다.

[그림 4-28]과 같이 IIL은 전류의 공급원으로 사용되는 트랜지스터로 구성되는 바이폴라형 게이트이다. [그림 4-28]에서 입력 A에 낮은 전압이 인가되면 Q1의 전류가 Q2의 베이스로 흐르지 못해 Q2가 차단상태로 되어 출력은 입력과 반대로 된다.

또한 입력 A에 높은 전압이 인가되면 입력전류와 Q1의 전류가 Q2의 베이스로 흘러 Q1 on 상태로 되어 출력은 낮은 전압상태로 되어 NOT 게이트의 동작을 하게 된다.

IIL은 칩의 소요면적이 적으며, 소비전력이 적고, TTL보다 전파지연이 큰 것이 단점이다.

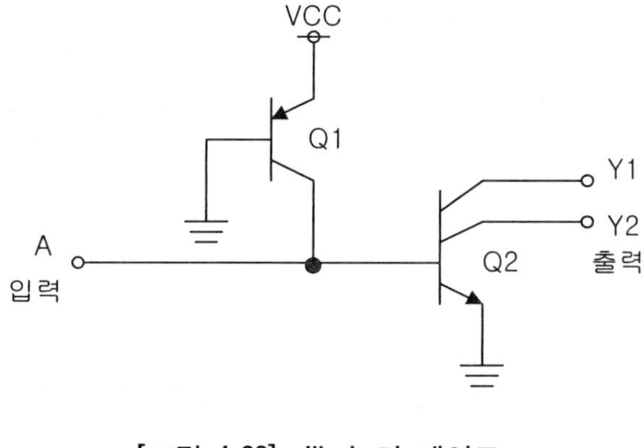

[그림 4-28] IIL 논리 게이트

4-13-5 TTL 논리 게이트

TTL 논리 게이트는 트랜지스터-트랜지스터 로직(Transistor-Transistor-Logic)의 약자로 TTL이라 한다. 회로의 주요 부분은 트랜지스터만으로 구성되어 있다. 이러한 집적회로(IC : Integrated Circuits)는 [그림 4-29]에서 보는 바와 같이 단일 트랜지스터에 다중 이미터(emitter) 구조를 갖는다.

[그림 4-29 (a)]는 한 개의 입력(혹은 그 이상)이 0 [V]인 경우의 회로 동작을 나타내고 있다. TR Q_1은 ON으로 되어서 Q_2의 베이스에는 Q_1의 컬렉터-이미터 포화전압(VCE-sat)이 걸리게 된다. Q_2의 베이스는 약 0.1 [V] 전압이 인가되어서 Q_2는 OFF되므로 출력전압 V_{output}는 +5 [V]가 된다.

[그림 4-29 (b)]는 모든 입력이 +5 [V]인 경우의 회로 동작을 나타내고 있다. 트랜지스터 Q_1은 역방향(reverse) 모드에서 동작하므로 컬렉터-베이스를 통한 전류가 Q_2를 ON시키게 된다. 따라서 Q_2의 출력전압 Voutput는 Q_2의 포화전압인 0.1 [V]가 된다.

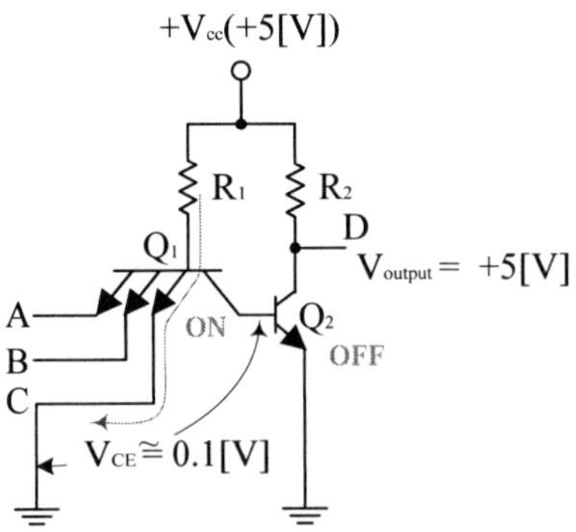

(a) 출력 TR OFF

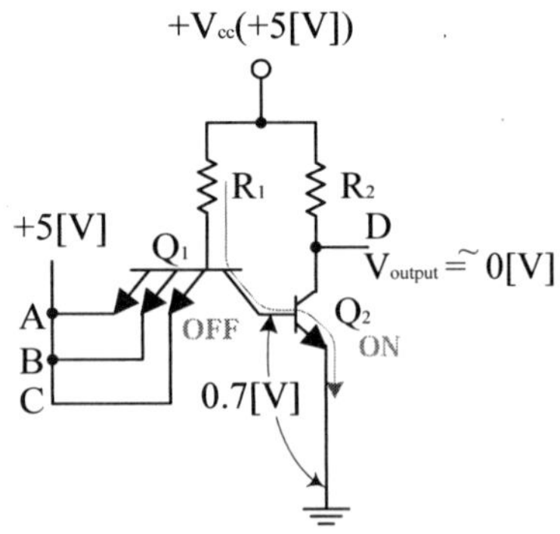

(b) 출력 TR ON

[그림 4-29] 기본적인 TTL 회로의 동작

<표 4-14> 기본 TTL 시리즈

series type	designation	features
standard	74	표준형, 저가
figh power	74H	고전력 소모
low power	74L	저전력 소모
Schottky	74S	고속 스위칭
CMOS	73HC	고속 CMOS
low power Schottky	74LS	저전력, 고속

〈표 4-14〉는 기본 TTL 시리즈별 특성을 나타낸 것이다. 빠른 처리속도, 낮은 전력소비를 갖는 LS 시리즈가 현재에는 가장 많이 사용된다.

[그림 4-30]의 회로는 토템폴(totem-pole) 출력을 갖는 TTL NAND 게이트 회로이다.

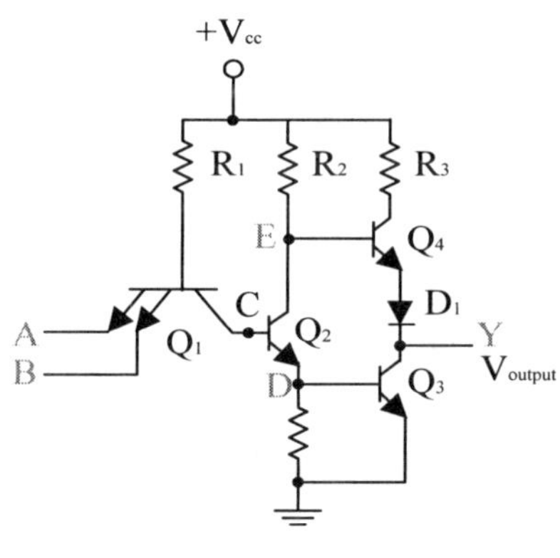

[그림 4-30] 토템폴 출력을 갖는 기본 TTL NAND 게이트

이 회로에서의 Y점의 출력전압 V_{output}는 출력 TR Q_3가 OFF이고 출력 TR Q_4가 ON일 때는 HIGH 레벨이 얻어지고, 출력 TR Q_3가 ON이고 출력 TR Q_4가 OFF일 때 'LOW' 레벨이 얻어진다. 또한, 이 회로는 TR Q_3와 Q_4가 동시에 ON 상태가 될 수 없도록 설계되어 있다. 두 입력 중 하나가 0 [V](LOW)이면 TR Q_1는 ON 상태가 되고 Q_1의 컬렉터-이미터 포화전압은 Q_2를 OFF 상태로 만든다.

Q_3의 베이스 전압이 LOW가 되므로 Q_3가 OFF 상태로 되고, Q_2가 OFF 상태이므로 출력을 HIGH 레벨로 만드는 R_2를 통해서 흐르는 베이스 전류에 의해서 Q_4가 ON 상태가 된다.

Q_4 베이스-이미터 양단에 걸리는 전압강하와 다이오드 D_1에서의 전압강하로 인하여

$$V_{cc} - V_{BE,on} - V_D = 5.0 - 0.7 - 0.7 = 3.6\,[V]$$

이므로 출력 Y점의 V_{output}는 3.6 [V](HIGH)가 출력된다. 따라서 Q_4가 ON 상태이고 Q_3가 OFF 상태이면 출력은 +3.6 [V]의 논리 1에 해당하는 출력을 내보낸다.

모든 입력이 HIGH이거나 개방(OPEN) 상태이면 Q_1는 R_1을 통해서 흐르는 전류에 의해서 역(베이스에서 컬렉터 방향으로)으로 ON 상태가 되므로 Q_2가 ON 상태가 되고 Q_2의 이미터 전류는 Q_3가 ON 상태로 되기에 충분하도록 Q_3의 베이스 전압(V_D)을 증가시킨다. Q_2가 ON 상태일 때 Q_2의 컬렉터 전압(V_E)은 약 0.8 [V]이다.

$$V_{BE,on}(Q_3) + V_{CE,sat}(Q_2) = 0.7 + 0.1 = 0.8\,[V]$$

Q_4를 ON 상태로 하기 위해서는 Q_4의 베이스 전압(V_E)가

$$V_{BE,on} + V_D = 0.7 + 0.7 = 1.4\,[V]$$

이므로 1.4 [V]의 베이스 전압을 필요로 한다. 그러나 Q_2가 ON 상태일 때 Q_2의 컬렉터 전압(V_D)은 약 0.8 [V]이므로 TR Q_4는 OFF 상태가 된다.

다이오드 D_1과 Q_4가 동시에 OFF 되는 반면 Q_3는 ON 상태가 되어서 출력전압은 0 [V]가 된다.

이 회로의 동작에 대한 전압진리표는 〈표 4-15〉에 표시되어 있다.

<표 4-15> 토템폴 출력을 갖는 NAND 게이트의 전압진리표

V_A[V]	V_B[V]	Q_1	V_C[V]	Q_2	V_D[V]	V_E[V]	Q_3	Q_4	Y[V]
0	0	ON	0	OFF	0	+5	OFF	ON	+3.6
0	+5	ON	0	OFF	0	+5	OFF	ON	+3.6
+5	0	ON	0	OFF	0	+5	OFF	ON	+3.6
+5	+5	ON	1.4	ON	0.7	0.7	ON	OFF	≒0

단일회로에서 개방 컬렉터(open collector)와 토템폴(totem-pole)의 장점을 결합시킨 3상태(tri-state) 출력특성을 갖는 2 입력 NAND 게이트의 구조가 [그림 4-31]에 표시되어 있다.

제어입력 C가 개방 혹은 HIGH(+5[V])이면 임의의 입력 A 혹은 B가 LOW가 되면 TR Q_1은 ON 상태로 되고, Q_2와 Q_3는 OFF 상태로 유지된다. TR Q_4가 ON되면 Q_5도 ON되고 출력은 HIGH 레벨(+3.6[V])로 된다.

만약 제어입력 C가 LOW이면 다이오드 D_1이 ON되어서 TR Q_4와 Q_5를 OFF시키고, 또한 C에 의해서 TR Q_1은 ON되고 Q_2와 Q_3는 OFF된다. 따라서 제어입력 C가 LOW일 때 출력은 개방(open)회로가 되는 반면 제어입력 C가 HIGH 혹은 개방이면 출력은 토템폴로 동작하게 된다.

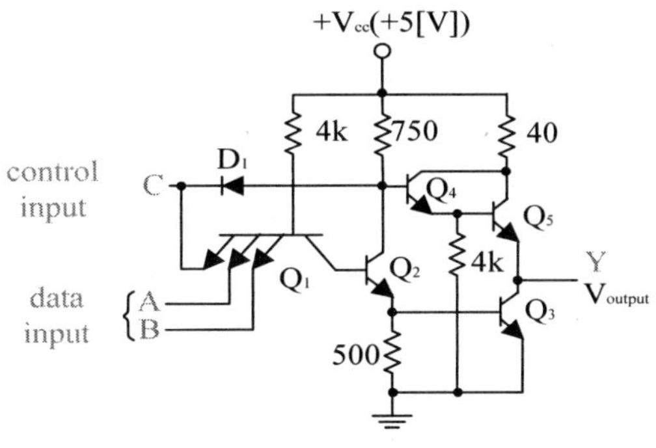

[그림 4-31] 3상출력을 갖는 2 입력 NAND 게이트

다시 요약하면 주어진 입력에 의해서 출력은 LOW, HIGH, 개방회로의 3개의 상태를 갖게 된다. 〈표 4-16〉에는 3상회로의 동작을 요약한 전압진리표가 표시되어 있다. 회로가 개방 컬렉터나 토템폴보다 복잡하지만 유용하게 사용된다.

<표 4-16> 3상출력을 갖는 2 입력 NAND 게이트의 전압진리표

V_A[V]	V_B[V]	V_C[V]	Q_1	Q_2	Q_3	Q_4	Q_5	Y[V]
0	0	+5	ON	OFF	OFF	ON	ON	+3.6
0	+5	+5	ON	OFF	OFF	ON	ON	+3.6
+5	0	+5	ON	OFF	OFF	ON	ON	+3.6
+5	+5	+5	ON (REVERSE)	ON	ON	OFF	OFF	≒0
-	-	0	ON	OFF	OFF	OFF	OFF	open-circuit

4-13-6 C-MOS 논리 게이트

전계효과 트랜지스터(FET : Field-Effect Transistor)에는 접합형(junction type) FET(JFET)와 MOS형(Metal Oxide Semiconductor type) FET (MOSFET)의 두 가지가 있으며 MOSFET가 JFET에 비하여 구조가 간단하고 입력 임피던스가 크기 때문에 IC에는 MOSFET를 쓰고 있다. MOSFET는 흔히 약해서 MOS라 한다.

상보형(complementary) MOS(CMOS) 회로는 같은 기판 위에 n채널과 p채널 소자를 함께 제작할 수 있다는 것을 이용하고 있다. CMOS 회로는 두 형태의 MOS 소자를 상호 연결하여 논리기능을 수행하도록 만드는 것이다. 기본적 회로는 [그림 4-32 (a)]에 보인 바와 같이 하나의 p채널 MOS와 또 하나의 n채널 MOS가 한 쌍으로 이용된다. V_{DD} 값은 +3～+18 [V] 사이의 임의값을 사용할 수 있다. 2개 전압준위는 0 [V]는 낮은 준위, V_{DD}는 높은 준위이다.

MOS 트랜지스터의 동작을 살펴보면

① n채널 MOS는 소스에 대한 게이트 전압이 양(+)일 때 전도된다.
② p채널 MOS는 소스에 대한 게이트 전압이 음(−)일 때 전도된다.

2 입력 CMOS NOR 게이트는 [그림 4-32]에 보인 바와 같이 병렬로 된 2개의 n형 소자와 직렬로 된 2개의 p형 소자로 구성된다. 특히 (a)의 회로도는 (b)의 블록도로 간단히 나타낼 수 있다.

두 입력(A, B)이 낮은 전압준위일 때는 양쪽 p채널 소자는 ON되고, 양쪽 n채널 소자는 OFF된다. 따라서, 출력단은 V_{DD}와 연결되어 있어서 높은 전압값을 출력한다. 어느 입력이든지 높은 전압상태이면, 높은 전압이 연결된 p채널 트랜지스터는 OFF되고, n채널 트랜지스터는 ON된다. 따라서 출력단을 접지와 연결시키게 되어 낮은 전압을 출력하게 된다.

CMOS 논리회로가 정적인 상태에 있을 때의 전력소모는 아주 적다. 그 이유는 회로의 상태가 변화하지 않을 때에는 전류가 흐르는 통로에 반드시 1개의 ON되지 않은 트랜지스터가 존재하기 때문이다. 따라서 전형적인 CMOS 게이트는 1 [μW] 정도의 전력을 소비한다.

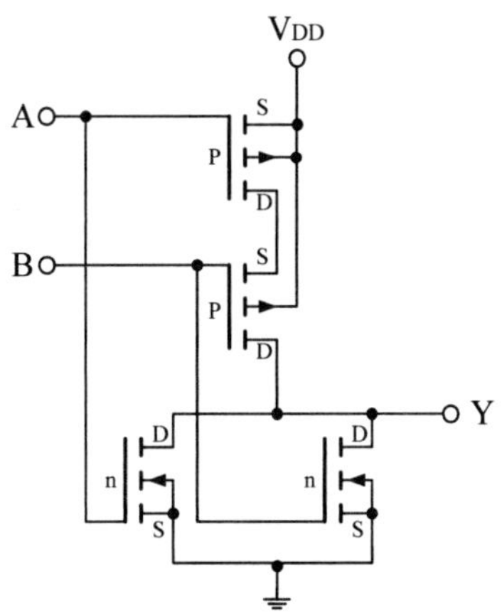

(a) 회로도

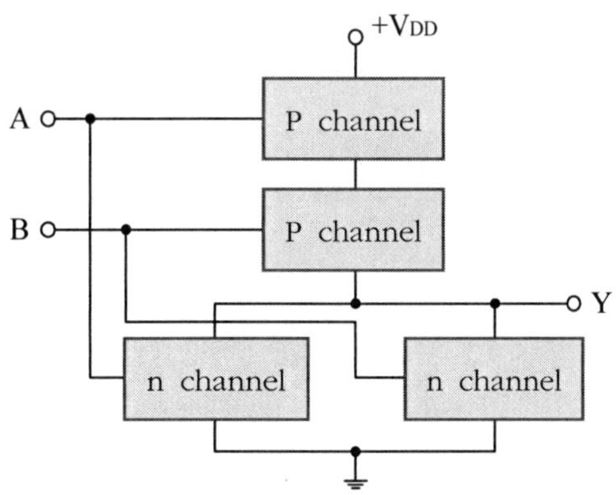

(b) 블록도

[그림 4-32] CMOS NOR 게이트

그러나 회로가 고주파에서 동작하면 전력이 증가되어 1 [MHz]의 주파수에서 동작하는 경우 전력소비는 1 [mW]로 증가한다. 그러나 CMOS의 생산 공정은 TTL보다 간단하며 집적도를 더 높일 수 있다. 낮은 전력소비, 우수한 잡음여유도 등 장점을 많이 가지고 있으므로 디지털 논리군의 일반적인 표준으로 생각하게 한다. 일반적으로 V_{DD} 의 45%에 달하는 전압잡음여유를 가지므로 잡음에 강하다.

특히, CMOS는 입출력이 명확하게 정의되어 있는 TTL과는 달리 양방향에서의 데이터 입력이 가능하므로 양방향 스위치로 사용할 수 있는 이점도 지니고 있다. 따라서 CMOS는 전송 게이트로도 많이 이용된다.

4-13-7 디지털 IC의 특성

(1) 전파지연

디지털 IC에 입력을 가하고 출력을 얻어낼 때 IC의 성능을 좌우하는 중요한 항목이 전파지연(propagation delay)이다. 게이트의 전파지연은 기본적으로 입력 펄스와 출력 펄스 사이의 시간차를 의미하며, 전파지연이 짧을수록 IC의 동작속도가 빨라 특성이 우수하다.

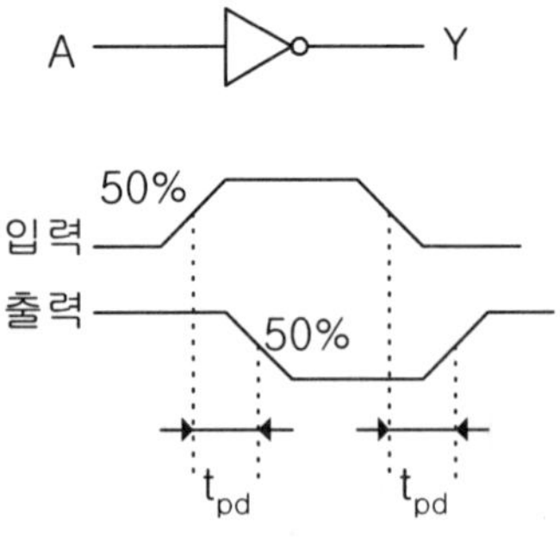

[그림 4-33] 논리 게이트의 전파지연

(2) 전력소비

전력소비(power dissipation)는 전원에서 공급되는 평균전류와 DC 전압과의 곱이다.

74 시리즈의 경우 게이트당 DC+5[V]에서 동작하고 LOW 상태에서 3[mA]의 전류가, HIGH 상태에서 1[mA]의 전류가 흐른다.

전력소비를 계산해 보면

$$P_{LOW} = 5[V] \times 3[mA] = 15[mW]$$
$$P_{HIGH} = 5[V] \times 1[mA] = 5[mW]$$
$$P_{DISS} = P_{AVG} = P_{LOW} + P_{HIGH} / 2 = 10[mW]$$

가 되고, IC 7400의 경우 게이트 4개가 있으므로 전체 소비전력은 아래와 같이 계산된다.

$$P_{TOT} = 4 \times 10[mW] = 40[mW]$$

(3) 잡음 여유도

디지털 IC가 잡음원에 대해 얼마나 영향을 적게 받을 수 있는가는 시스템 설계에 중요한 요인이 된다.

잡음 여유도(noise margin)는 IC가 견디어낼 수 있는 잡음의 크기이다. 즉 출력의 변화를 일으키지 않고 입력에 가해질 수 있는 최대 잡음전압을 말한다.

잡음 여유도는 Low 레벨 상태의 잡음 여유도와 High 레벨 상태의 잡음 여유도가 있다.

Low 레벨 잡음 여유도 : $V_{LowNoise} = V_{IL} - V_{OL}$
High 레벨 잡음 여유도 : $V_{HighNoise} = V_{OH} - V_{IH}$
(V_{IL} = Low 레벨 입력전압, V_{IH} = High 레벨 입력전압
V_{OL} = Low 레벨 출력전압, V_{OH} = High 레벨 출력전압)

(4) 팬-아웃

논리회로의 팬-아웃(fan-out)은 제한된 범위 내에서 출력을 유지할 수 있는 게이트 출력에 연결할 수 있는 최대 IC의 수를 말한다.

(5) 팬-인

게이트의 팬-인(fan-in)은 입력으로 받아들일 수 있는 게이트 수를 말한다. 두 개의 입력 게이트는 2개의 팬-인을 가지고, 3개의 입력 게이트는 3개의 팬-인을 가지며 최대로 접속할 수 있는 논리소자의 수를 최대 팬-인이라 한다.

<표 4-17> 디지털 IC의 특성비교

	RTL	DTL	ECL	TTL	MOS	CMOS
소비전력[mW]	12	8	40	10	1	0.01
팬-아웃	5	8	25	10	20	50
전파지연[ns]	12	30	2	10	100	50
잡음 여유도[V]	0.05	0.3	0.2	0.4	0.05	3

연습문제

1. 다음 식을 불 대수식을 이용하여 간단히 하여라.

a) $Y = \overline{A} \cdot B \cdot C + A \cdot B \cdot C + B \cdot \overline{C}$

b) $Y = \overline{\overline{A} \cdot B + C + \overline{A} + \overline{B} + D}$

2. 다음 식의 부정을 만들어라.

a) $Y = \overline{A} + B + C$

b) $Y = \overline{A}B + A\overline{B}$

3. 다음 논리식을 쌍대로 표시하여라.

a) $\overline{AB} = \overline{A + B}$

b) $Y = \overline{A}B + A\overline{B}$

4. 다음 논리회로에 대한 논리식을 구하여라.

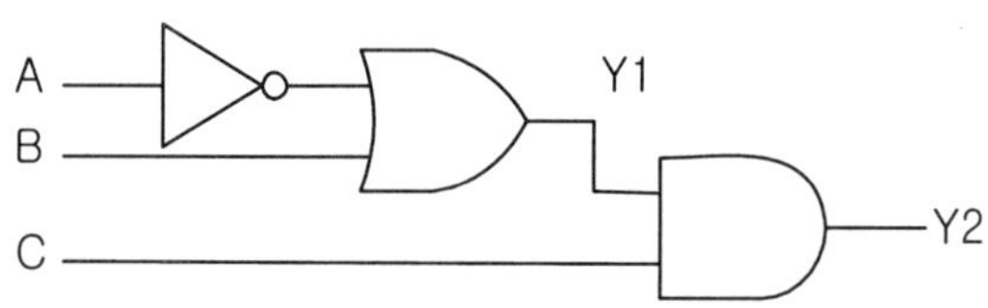

5. 게이트에 입력을 연결했을 때 출력이 생성되는 데 걸리는 시간을 무엇이라 하는가?

6. NAND 게이트의 두 입력에 0.4 [V], 5 [V]를 인가하면 출력은 몇 [V]가 되는가?

7. 일치회로에 대해서 설명하시오.

제 5 장

논리함수의 간략화

디지털 시스템에서 회로를 해석하거나 회로를 설계할 때에 체계적으로 이루어져야 하며 회로 해석 및 설계과정 중에서 가장 중요한 것이 시스템의 정의이다. 이러한 시스템에서 좀 더 나은 회로 설계를 위해 회로를 간략화하는 방법에 대해 공부하기로 한다.

진리표로부터 논리함수를 수학적 논리식으로 표현하여 논리회로로 구현할 경우, 논리함수 표현이 최적화되어 있지 않으면 회로구성이 복잡해진다. 즉, 논리식을 가능한 한 간소화시킴으로써 최소의 논리 게이트를 사용한 회로를 얻는 것이 중요하다.

논리함수의 입력변수(literal)의 수와 논리회로의 게이트의 수가 많아지게 되면 회로가 복잡해질 뿐만 아니라 비용이 증가하게 된다. 이러한 문제를 해결하는 방법인 논리함수를 간소화시키는 방식으로는 불함수를 이용한 방식과 기초함수방식 및 도표를 이용한 방식 등이 있다.

5-1 최대항과 최소항

일반적으로 논리함수는 그 속에 포함되어 있는 변수의 다항식으로 표시하는데, 그 변수와 변수의 부정을 포함하여 논리적으로(AND)으로 표시되는 모든 항을 최소항(minterm)이라 하며, 이들 항은 중복이 되지 않는 것이다. 예를 들면 두 변수 A, B로 구성된 논리함수의 최소항은 $\overline{A}\,\overline{B}$, $\overline{A}B$, $A\overline{B}$, AB로 구성되며 식으로 표현하면 다음과 같다.

$$Y = \overline{A}\,\overline{B} + \overline{A}B + A\overline{B} + AB$$

또한, 두 변수가 논리화(OR)로 표시되는 항을 최대항(maxterm)이라 한다. 예를 들면 두 변수 A, B로 구성된 논리함수의 최대항은 $(A+B)$, $(A+\overline{B})$, $(\overline{A}+B)$, $(\overline{A}+\overline{B})$로 구성되며 식으로 표현하면 다음과 같다.

$$Y = (\overline{A} + \overline{B}) \cdot (\overline{A} + B) \cdot (A + \overline{B}) \cdot (A + B)$$

이것은 최소항의 쌍대의 형식을 갖는다. 〈표 5-1〉에 3변수의 최소항과 최대항을 표시하였다. 이 표에서 다음과 같은 내용을 알 수 있다.

① 최소항 또는 최대항은 2^n개 나타난다(n : 변수의 수).
② 최대항의 부정은 최소항이다. 그 역도 성립한다.
③ 모든 최소항 또는 최대항의 합은 1이다.

<표 5-1> 3변수의 최소항과 최대항

10진수	ABC	최소항(m_i)	최대항(M_i)
0	000	$m_0 = \overline{A}\,\overline{B}\,\overline{C}$	$M_0 = A+B+C$
1	001	$m_1 = \overline{A}\,\overline{B}C$	$M_1 = A+B+\overline{C}$
2	010	$m_2 = \overline{A}B\overline{C}$	$M_2 = A+\overline{B}+C$
3	011	$m_3 = \overline{A}BC$	$M_3 = A+\overline{B}+\overline{C}$
4	100	$m_4 = A\overline{B}\,\overline{C}$	$M_4 = \overline{A}+B+C$
5	101	$m_5 = A\overline{B}C$	$M_5 = \overline{A}+B+\overline{C}$
6	110	$m_6 = AB\overline{C}$	$M_6 = \overline{A}+\overline{B}+C$
7	111	$m_7 = ABC$	$M_7 = \overline{A}+\overline{B}+\overline{C}$

진리표로부터 논리함수를 표시할 때 진리표 내의 1이 표시된 최소항(minterm)들을 합(OR 연산)하거나 0이 표시된 최대항(maxterm)들을 곱(AND 연산)함으로써 논리함수를 표시한다.

이와 같은 표현을 표준형 전개라 하며 곱항의 합 형식을 SOP(Sum of Product)라 하며, m_i로 표시한다. 이 SOP를 함수로 표시하면 f(변수)$=\Sigma(0, 1, 2, \cdots)$가 된다. 위에서 합의 기호 Σ(시그마 : sigma)는 항들을 합(OR 연산)한 것을 나타내고, 괄호 속의 숫자(0, 1, 2)는 함수 F의 값을 1로 해주는 최소항의 번호이다. 그리고 합항의 곱 형식은 POS(Product of Sum)로 표현되고, M_i로써 표시된다. 이 SOP를 함수로 표시하면 f(변수) = Π (0, 1, 2, ⋯)가 된다. 위에서 곱의 기호 Π (파이 : pi)는 항들을 곱(AND 연산)한 것을 나타내고, 괄호 속의 숫자 (0, 1, 2)는 함수 F의 값을 0으로 해주는 최대항의 번호이다.

〈표 5-2〉 함수 F에 대한 진리표

10진수	A B C	F
0	0 0 0	0
1	0 0 1	1
2	0 1 0	1
3	0 1 1	0
4	1 0 0	1
5	1 0 1	0
6	1 1 0	0
7	1 1 1	1

예를 들어 〈표 5-2〉에서 표준형 형태로 식을 전개해 보자. 함수 F에 대한 진리표로부터 3 변수 A, B, C가 001, 010, 100, 또는 111일 때 F = 1이 되는 것을 알 수 있으며, 이는 최소항 1, 2, 4, 7(m_1, m_2, m_4, m_7)에 대하여 함수 F의 출력이 1의 값을 가진다는 뜻이다. 이들 최소항 m_1, m_2, m_4, m_7의 논리식은

$$\begin{aligned} F(A, B, C) &= m_1 + m_2 + m_4 + m_7 \\ &= \overline{A}\,\overline{B}C + \overline{A}B\overline{C} + A\overline{B}\,\overline{C} + ABC \\ &= \Sigma(1, 2, 4, 7) \end{aligned}$$

그리고 함수 F는 3 변수 A, B, C가 000, 011, 101 또는 110일 때 F = 0이 되는 것을 알 수 있으며, 이는 최대항 0, 3, 5, 6(M_0, M_3, M_5, M_6)에 대하여 함수 F의 출력이 0의 값을 가진다는 뜻이다. 이들 최대항 M_0, M_3, M_5, M_6의 논리식은

$$\begin{aligned} F(A, B, C) &= M_0 \cdot M_3 \cdot M_5 \cdot M_6 \\ &= (A + B + C)(A + \overline{B} + \overline{C})(\overline{A} + B + \overline{C})((\overline{A} + \overline{B} + C) \\ &= \Pi\,(0, 3, 5, 6) \end{aligned}$$

〈표 5-2〉의 출력식을 나타내는 표준식으로부터 동일한 결과를 얻는 논리식을 만들 수 있으며 이것을 간략화하여 간단한 논리 게이트 회로를 만들 수 있다.

예제 5-1

다음의 진리표에서 함수 F의 ① SOP 논리식, ② POS 논리식을 구하여라.

A	B	C	F
0	0	0	1
0	0	1	0
0	1	0	0
0	1	1	1
1	0	0	1
1	0	1	1
1	1	0	0
1	1	1	0

풀이

① SOP(Sum Of Product) 논리식은

$$\begin{aligned} F(A, B, C) &= m_0 + m_3 + m_4 + m_5 \\ &= \overline{A\,BC} + \overline{A}BC + A\overline{B}\,\overline{C} + A\overline{B}\,C \\ &= \Sigma(0, 3, 4, 5) \end{aligned}$$

② POS(Product Of Sum) 논리식은

$$\begin{aligned} F(A, B, C) &= M_1 \cdot M_2 \cdot M_6 \cdot M_7 \\ &= (\overline{A} + \overline{B} + C) \cdot (\overline{A} + B + \overline{C}) \cdot (A + B + \overline{C}) \cdot (A + B + C) \\ &= \Pi(1, 2, 6, 7) \end{aligned}$$

5-2 불 함수를 이용한 간략화

불 함수의 대수적 간략화(algebraic simplification)란 주어진 불 함수에 대하여 불 대수의 공식을 이용하여 변환한 다음, 변환된 여러 함수 중에서 가장 간단한 형태의 함수를 찾아내는 것을 말한다.

불 함수의 간소화의 목적은 논리회로를 구성하는 게이트의 수와 게이트의 입력을 나타내는 변수의 수를 줄여 논리회로를 간소화하기 위함이다. 불 함수의 대수적 간소화에는 항 결합, 문자 소거, 중복항 첨가, 합의 정리와 같은 방법이 주로 사용된다.

1) 항 결합

주로 불 대수 기본 공식 $X+\overline{X}=1$을 이용하여 두 개의 항을 결합하여 하나의 항으로 만드는 방법이다.

예) $XY+X\overline{Y}=X(Y+\overline{Y})$

$$=X\cdot 1=X$$

예) $F=X\overline{Y}+XYZ+\overline{X}YZ$

$$=X\overline{Y}+(X+\overline{X})YZ$$

$$=X\overline{Y}+1\cdot YZ$$

$$=X\overline{Y}+YZ$$

2) 문자 소거

중복된 문자들을 제거하는 방법이다.

$$X+\overline{X}Y=(X+\overline{X})(X+Y)$$

$$=1\cdot(X+Y)=X+Y$$

$$X(\overline{X}+Y)=X\overline{X}+XY$$

$$=0+XY=XY$$

불 함수의 기본 법칙과 이론을 사용하면 특정논리식을 가장 간단한 형태로 간략화시킬 수 있거나 사용하기 편한 회로로 변환시킬 수 있게 된다.

3) 중복항 첨가

주어진 함수식의 의미가 변하지 않도록 주의하면서 적절한 항을 함수식에 첨가시키는 방법이다.

예)
$$\begin{aligned} F &= X\overline{Y}Z + XYZ + \overline{X}YZ \\ &= X\overline{Y}Z + XYZ + XYZ + \overline{X}YZ \\ &= XZ(\overline{Y} + Y) + YZ(X + \overline{X}) \\ &= XZ + YZ \end{aligned}$$

4) 합의 정리(consensus theorem)

$$XY + \overline{X}Z = YZ = XY + \overline{X}Z$$

(증명)
$$\begin{aligned} XY + \overline{X}Y + YZ &= XY + \overline{X}Z + (X + \overline{X})YZ \\ &= XY + \overline{X}Z + XYZ + \overline{X}YZ \\ &= XY + XYZ + \overline{X}Z + \overline{X}YZ \\ &= XY(1 + Z) + \overline{X}Z(1 + Y) \\ &= XY + \overline{X}Z \end{aligned}$$

위에서 사라지는 YZ를 콘센서스항(consensus term)이라 하고, 문자를 바꾸어도 동일하게 적용된다.

$$AB + \overline{A}C + BC = AB + \overline{A}C$$

■ 불 함수 대수적 간소화 연습

예)
$$\begin{aligned} F &= (X + XY + Y)(X + \overline{X}YZ) \\ &= \{(X + XY) + Y)\}(X + \overline{X}YZ) \end{aligned}$$

$= (X+Y)(X+\overline{X}YZ)$
$= (X+Y)(X+YZ)$
$= X+YYZ$
$= X+(YY)Z$
$= X+YZ$

예) $F = (X+Y)(\overline{X}+Z)$
$= X\overline{X}+XZ+Y\overline{X}+YZ$
$= XZ+Y\overline{X}+YZ$
$= XZ+\overline{X}Y+YZ$
$= XZ+\overline{X}Y$

예) $F = XY+X\overline{Y}+\overline{X}Y+X$
$= X(Y+\overline{Y}+1)+\overline{X}Y$
$= X \cdot 1+\overline{X}Y$
$= X+\overline{X}Y$
$= X+Y$

예제 5-2

다음의 식을 불 대수를 사용하여 간단히 하여라.

1) $F = \overline{A}BC+A\overline{B}C+ABC$
2) $F = (A+B)(A+C)+AC$

풀이

1) $F = \overline{A}BC+A\overline{B}C+ABC+ABC$
$= (\overline{A}+A)BC+AC(\overline{B}+B)$
$= BC+AC$

2) $F = (A+B)(A+C)+AC$
$= AA+AC+BA+BC+AC$
$= A+AC+BA+BC+AC$

$$=A+AC+BA+BC$$
$$=A(1+C)+BA+BC$$
$$=A\cdot 1+BA+BC$$
$$=A+BA+BC$$
$$=A+AB+BC$$
$$=A+BC$$

5-3 MAP에 의한 간략화

불 함수를 규칙 및 정리를 이용하여 간단히 할 수 있으나 논리식이 복잡할수록 디지털 논리 게이트를 사용하여 나타내는 것은 매우 복잡하고 다양하다.

이러한 불 함수를 최소화하는 데 간단하고 이해가 빠른 방법이 도형을 이용한 MAP 방식이다. 이 방법은 진리표의 내용을 그림 모양으로 나타낸 것으로 비치(Veitch)에 의해 제안되었고 카르노(Karnaugh)가 발전시켰다.

이 도법을 비치 다이어그램 또는 카르노도라고 하는데 여러 개의 네모로 된 최소항의 집합형태로 표현할 수 있으며 이들이 차지하는 면적으로 나타낼 수가 있어 문자수가 가장 적은 합의 곱형이나 곱의 합형으로 간소화시켜 표현한다. 이 카르노 맵은 적은 수의 변수(2개에서 4개 또는 5개 정도)를 갖는 불 함수를 간략화시키는 데 편리하다.

5-3-1 카르노도의 구성

카르노 맵은 n변수로 표현될 수 있는 최소항 또는 최대항을 나타내기 위한 2^n 개의 사각형(셀 : cell)들로 구성된다. 상하 또는 좌우에 인접된 셀에는 하나의 변수값만이 다르게 표현된 최소항 또는 최대항이 배치되도록 한다.

(1) 1변수 카르노도

논리변수 A가 취하는 값은 0과 1이므로 [그림 5-1]과 같이 직사각형을 2등분해서 좌측 칸이 변수 $\overline{A}$, 우측 칸이 변수 A에 대응하는 출력이 된다. 카르노도의 직사각형 내에 대응하는 변수 $\overline{A}$, A를 기입하면 복잡하므로 외각에 0, 1로 표시하는 것이 편리하다.

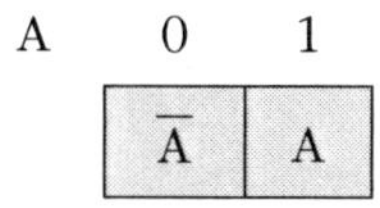

[그림 5-1] 1변수 카르노도

(2) 2변수 카르노도

2변수 A, B가 취할 수 있는 조합의 수는 $2^2=4$이므로 2변수 카르노도는 [그림 5-2]와 같이 4칸으로 구성된다.

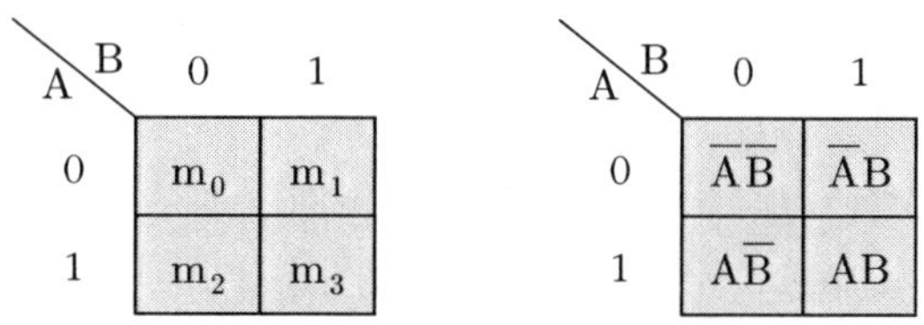

(a) (b)

[그림 5-2] 2변수 카르노도

(3) 3변수 카르노도

3변수 A, B, C가 취할 수 있는 조합의 수는 $2^3=8$이므로 3변수 카르노도는 [그림 5-3]과 같이 8칸으로 구성된다. 그러나 3변수부터 주의할 사항은 AB항의 0과 1의 배열 순서에 주의하여야 한다. 각 항 사이에는 그레이 코드의 순서 00 → 01 → 11 → 10으로 배치되기 때문에 인접 최소항들은 오직 1비트씩만 변화해야 하므로 00, 01, 11, 10으로서 10과 11의 순서가 바뀐다는 것이다.

A \ BC	00	01	11	10
0	m_0	m_1	m_3	m_2
1	m_4	m_5	m_7	m_6

A \ BC	00	01	11	10
0	$\overline{A}\overline{B}\overline{C}$	$\overline{A}\overline{B}C$	$\overline{A}BC$	$\overline{A}B\overline{C}$
1	$A\overline{B}\overline{C}$	$A\overline{B}C$	ABC	$AB\overline{C}$

[그림 5-3] 3변수 카르노도

(4) 4변수 카르노도

4변수 A, B, C, D가 취할 수 있는 조합의 수는 $2^4 = 16$이므로 4변수 카르노도는 [그림 5-4]와 같이 16칸으로 구성된다. 4변수도 주의할 사항은 AB행과 CD행도 3변수와 마찬가지로 00, 01, 11, 10으로서 10과 11의 순서가 바뀐다는 것이다. 디지털 시스템에서는 4비트 단위의 데이터를 취급하는 경우가 많으므로 입력변수에 대한 논리식이 많이 사용된다.

AB \ CD	00	01	11	10
00	$\overline{A}\overline{B}\overline{C}\overline{D}$	$\overline{A}\overline{B}\overline{C}D$	$\overline{A}\overline{B}CD$	$\overline{A}\overline{B}C\overline{D}$
01	$\overline{A}B\overline{C}\overline{D}$	$\overline{A}B\overline{C}D$	$\overline{A}BCD$	$\overline{A}BC\overline{D}$
11	$AB\overline{C}\overline{D}$	$AB\overline{C}D$	$ABCD$	$ABC\overline{D}$
10	$A\overline{B}\overline{C}\overline{D}$	$A\overline{B}\overline{C}D$	$A\overline{B}CD$	$A\overline{B}C\overline{D}$

[그림 5-4] 4변수 카르노도

예제 5-3

다음의 진리표로 카르노도를 작성하여라.

입력			출력
A	B	C	Y
0	0	0	0
0	0	1	1
0	1	0	1
0	1	1	1
1	0	0	0
1	0	1	0
1	1	0	0
1	1	1	1

풀이

A \ BC	00	01	11	10
0	0	1	1	1
1	0	0	1	0

5-3-2 카르노도의 간략화법

진리표에 대응하는 카르노도 또는 표준형으로 표현된 불 함수를 카르노도에 표현시킨 후 맵에서 최소항들을 효과적으로 묶는 방법과 이들 묶음으로부터 간략화된 불 함수를 구하는 법은 다음과 같다.

- 불 대수 기본 공식 $X+\overline{X}=1$을 이용 간략화시킨다.
- 주어진 논리함수에 포함된 표준형 또는 진리값표에서 출력이 1인 입력변수의 조합에 대응하는 카르노도의 최소항에 1을 나타낸다. 카르노도에 표현된 하나의 '1'이나 인접된 '1'들을 묶는다.
- 결합하는 개수는 $2^n (n=0, 1, 2, 3, \cdots)$으로 한다.

2개의 인접한 묶음을 페어(pair), 4개의 인접한 묶음을 쿼드(quad), 8개의 인접한 묶음은 옥텟(octet)이라 하며 필요한 경우에는 여러 겹으로도 묶는다.

이들은 각각 한 개의 변수, 2개의 변수, 3개의 변수가 생략되어 간략화된다.

- 카르노도의 항이 0이 매우 적을 때는 최소항보다 최대항 형식을 이용하면 간단해진다.
- 묶는 예를 들면 [그림 5-5], [그림 5-6], [그림 5-7]과 같다.

[그림 5-5]에서 서로 인접되어 있으면서 $2^1 = 2$개로 결합될 수 있다. (a)에서는 이 결합된 항은 A = 0, B = 1, D = 1일 때 포함되어 있으므로 식으로 표현하면 $F = \overline{A}BD$가 된다.

(b)에서 이 결합된 항은 B = 1, C = 0, D = 1일 때이므로 $F = B\overline{C}D$가 된다.

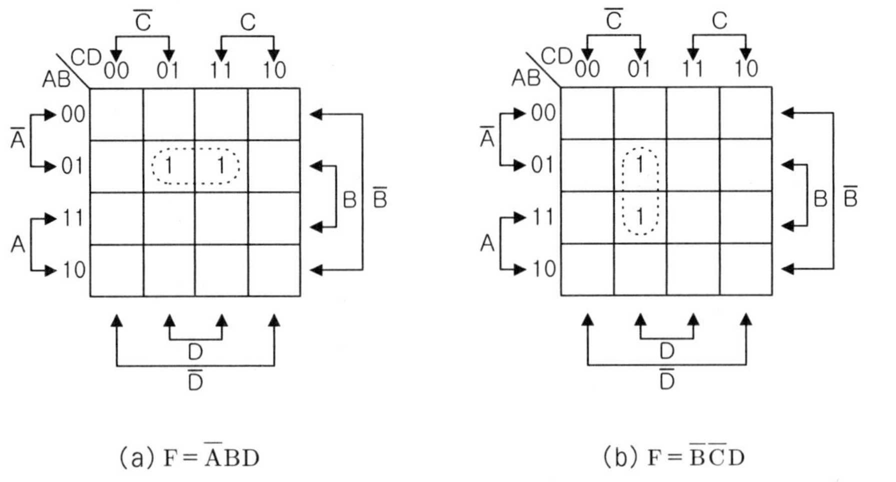

(a) $F = \overline{A}BD$ (b) $F = \overline{B}\overline{C}D$

[그림 5-5] 2개항의 결합

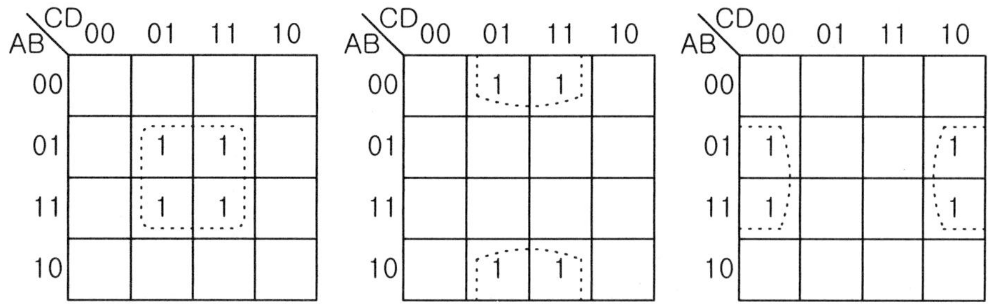

(a) $F = BD$ (b) $F = \overline{B}D$ (c) $F = B\overline{D}$

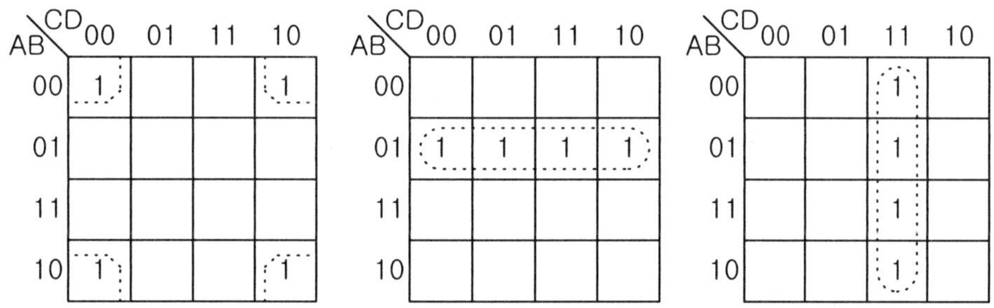

(d) $F = \overline{B}\,\overline{D}$ (e) $F = \overline{A}B$ (f) $F = CD$

[그림 5-6] 4개항의 결합

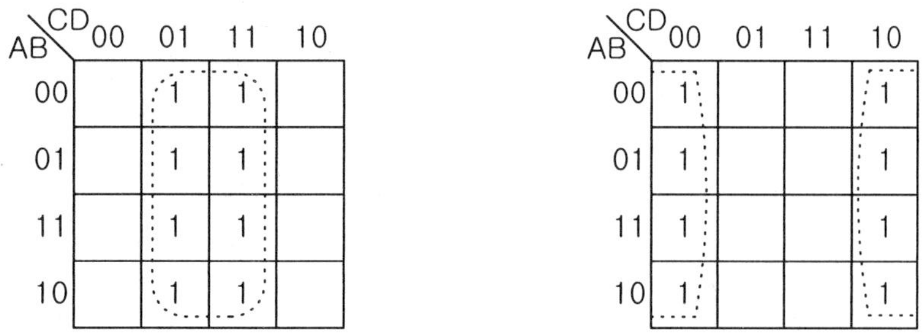

(a) $F = D$ (b) $F = \overline{D}$

[그림 5-7] 8개항의 결합

예제 5-4

다음의 카르노도에서 간략화된 논리식을 구하시오.

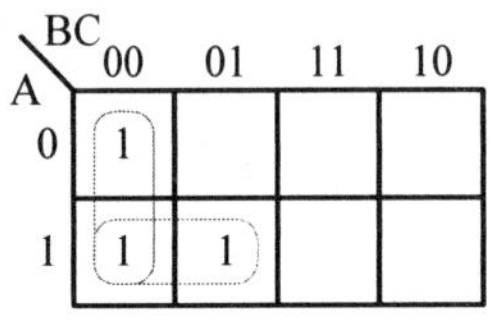

(a)

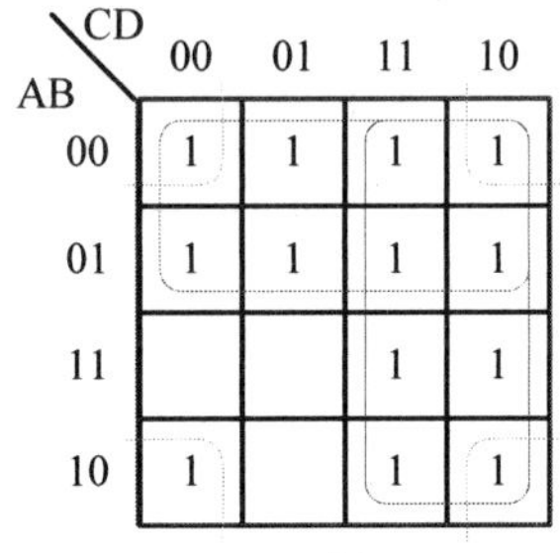

(b)

풀이

(a) $F = A\overline{B} + \overline{B}\,\overline{C}$ (b) $F = C + \overline{A} + \overline{B}\,\overline{D}$

예제 5-5

다음의 카르노도에서 간략화된 논리식을 구하시오

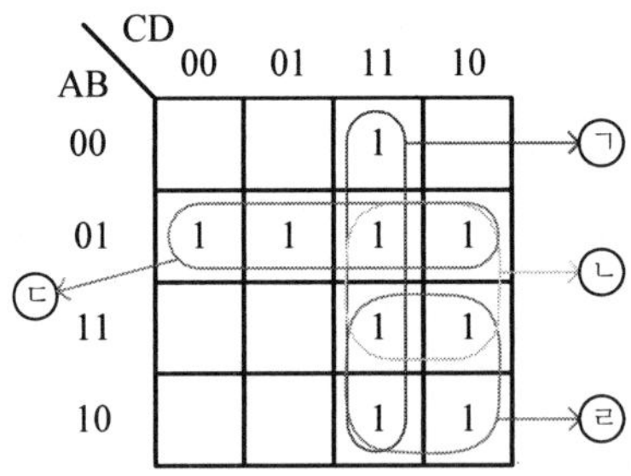

풀이

$F = CD + BC + \overline{A}B + AC$

예제 5-6

다음의 카르노도에서 간략화된 논리식을 구하시오

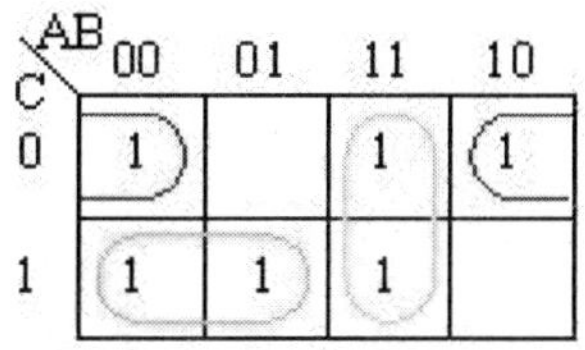

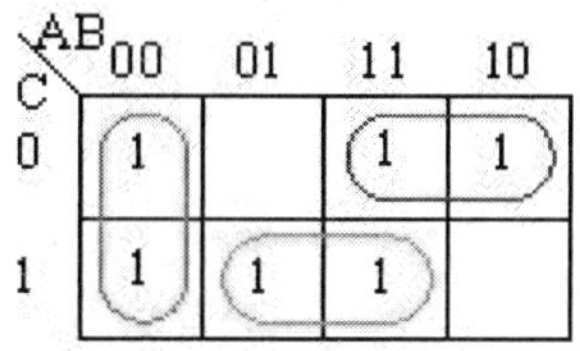

풀이

(a) $F = \overline{B}\,\overline{C} + \overline{A}\,C + AB$ (b) $F = \overline{A}\,\overline{B} + BC + A\overline{C}$

예제 5-7

다음의 논리식을 카르노도를 이용하여 간략화하시오.

$F = \overline{A}\overline{B}\overline{C} + \overline{A}B\overline{C} + A\overline{B}\overline{C} + A\overline{B}C$

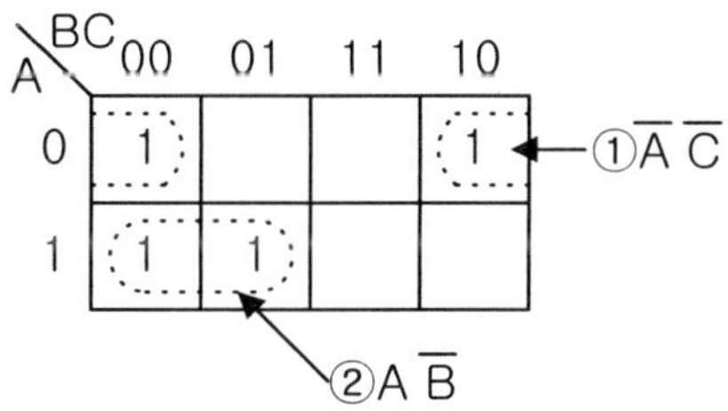

풀이

$F = \overline{A}\,\overline{C} + A\overline{B}$

예제 5-8

다음의 논리식을 카르노도를 이용하여 간략화 하시오

$F = ABCD + A\overline{BCD} + A\overline{B}C + AB$

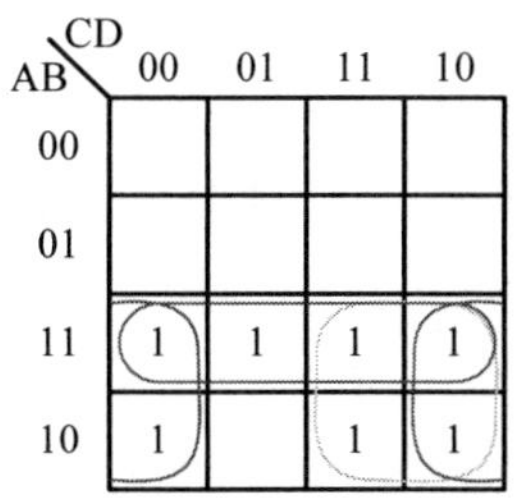

풀이

$$F = ABCD + A\overline{BCD} + A\overline{B}C(\overline{D} + D) + AB(\overline{C} + C)(\overline{D} + D)$$
$$= ABCD + A\overline{BCD} + A\overline{B}C\overline{D} + A\overline{B}CD + AB\overline{CD} + AB\overline{C}D + ABC\overline{D} + ABCD$$
$$= ABCD + A\overline{BCD} + A\overline{B}C\overline{D} + A\overline{B}CD + AB\overline{CD} + AB\overline{C}D + ABC\overline{D}$$

이므로,

$$F = \Sigma(8, 10, 11, 12, 13, 14, 15)$$
$$F = AB + AC + A\overline{D}$$

5-3-3 무관조건

어떤 논리함수에서는 입력변수가 출력에 영향을 미치지 못한다. 이러한 입력의 조건이 무관(don't care) 조건이라 하며, 무관조건을 카르노도상에서 표기할 때는 'd'나 'x'로 표기하며, 0이나 1 어느 값으로도 될 수 있다.

무관조건의 대표적인 예가 BCD 코드의 경우이다. BCD 코드의 경우 10진수로서 0(0000)~9(1001)까지만 사용이 되고 10(1010)~15(1111)까지는 사용되지 않는다. 따라서 BCD 코드일 경우는 1010, 1011, 1100, 1101, 1110, 1111의 6개는 무관조건으로 놓고 카르노도의 방법으로 변수를 간략화시키게 된다.

진리표의 '쓰이지 않는' 조합인 6개의 무관조건은 카르노도에 'x', 'd'로 기입하여 표시하여 사용한다.

예제 5-9

다음의 진리표에 해당하는 출력 F를 카르노도를 사용하여 간단히 하시오.

입력				출력
A	B	C	D	F
0	0	0	0	0
0	0	0	1	0
0	0	1	0	1
0	0	1	1	0
0	1	0	0	0
0	1	0	1	0
0	1	1	0	1
0	1	1	1	0
1	0	0	0	0
1	0	0	1	1

풀이

진리표에서 출력은 $F=\overline{A}\overline{B}C\overline{D}+\overline{A}BC\overline{D}+A\overline{B}\overline{C}D$가 되며, 카르노도로 축소할 경우에는 BCD 코드에서 사용되지 않는 1010, 1011, 1100, 1101, 1110, 1111의 6개는 무관조건(d)으로 사용하여 간략화시킨다. 결과는 $F=AD+C\overline{D}$가 된다.

5-3-4 콰인-매클러스키법

콰인-매클러스키법은 테이블 이용법(tabulation method)이라고도 하는 간략화방법이다.

변수가 5개나 6개가 넘으면 카르노도법은 사용자에 따라 시행착오가 발생할 수 있지만 이 방법은 입력을 나타내는 불 함수가 많아져도 간략화 설계가 가능하다. 단지 그만큼 단계가 늘어난다. 그리고 이 방법은 $A=AB+A\overline{B}$의 관계를 가지고 간략화시킨다.

간략화시키는 방법은 다음과 같다.

① 최소화하려는 함수를 SOP 형식으로 표시한다.

② 모든 적항을 검사하면서 $A=AB+A\overline{B}$의 관계에 의하여 여러 번 간략화시켜 옮겨 기입한다. 이때 간략화된 새로운 적항은 원래의 항에 비해 1개의 변수가 적어진다.

③ 간략화된 변수의 자리에는 '–'를 기입한다.

④ 새로 얻어진 즉, 1개의 변수가 '–'로 바뀐 적항에 대해 다시 ②의 절차를 행한다.

모든 적항에 대하여 더 이상 간략화시킬 수 없게 되어 남은 것은 피 간략화 함수의 연합으로 얻어진 것으로서 기초 함축함수(Prime Implicant : PI)가 된다.

불 함수에 위의 절차를 적용하기 위해서는 먼저 불 함수를 곱의 합 형태의 정규형(canonical form)으로 나타내어야 한다. 정규형 불 식의 각 최소항(minterm)들은 하나의 항(implicant)이 되며, 이들 최소항으로 이루어진 항으로부터 주항을 결정해야 한다.

최소항에 대하여 $AB + A\overline{B} = A$ 의 정리를 적용하기 위해서 최소항을 2진수로 표시하고 아래의 [그림 5-8]과 같이 처리한다.

$$\overbrace{A\overline{B}C\overline{D}}^{m_{10}} + \overbrace{A\overline{B}CD}^{m_{11}} = A\overline{B}C$$
$$\underbrace{1\,0\,1}_{X}\,\underbrace{0}_{\overline{Y}} + \underbrace{1\,0\,1}_{X}\,\underbrace{1}_{Y} = \underbrace{1\,0\,1}_{X}\,-$$

(a)

$$\overbrace{A\overline{B}\,\overline{C}\,\overline{D}}^{m_{8}} + \overbrace{A\overline{B}\,\overline{C}D}^{m_{9}} = A\overline{B}\,\overline{C}$$
$$\underbrace{1\,0\,0}_{X}\,\underbrace{0}_{\overline{Y}} + \underbrace{1\,0\,0}_{X}\,\underbrace{1}_{Y} = \underbrace{1\,0\,0}_{X}\,-$$

(b)

[그림 5-8] 1단계 변수소거

[그림 5-8 (a)]는 두 개의 최소항 m_{10}, m_{11}, [그림 5-8 (b)]는 m_8, m_9에 대한 변수소거 방법을 보여준다. 두 개의 최소항이 결합하여 하나의 변수가 소거되면 두 최소항이 결합된 2진수 표현에서는 '-' 기호로 소거된 변수를 표시한다.

(a)에서는 변수 D가 제거되어서 새로운 항 '$A\overline{B}C$'가 얻어지고, 2진수 표현은 '101 -'로 나타낸다. (b)에서는 변수 D가 제거되어서 새로운 항 '$A\overline{B}\,\overline{C}$'가 얻어지고, 2진수 표현은 '100 -'로 나타낸다.

[그림 5-9]는 1단계 변수소거의 결과로 얻어진 두 항에 대한 2단계 변수소거 방법을 보여준다. 즉, 1단계의 결과에 대하여 반복하면 4개의 최소항들이 결합되어서 또 하나의 변수 C가 제거되어서 새로운 항 '$A\overline{B}$'가 얻어지고, 2진수 표현은 '10 - - '로 나타낸다.

이러한 비교과정은 새롭게 얻어진 모든 항에 대하여 최대 n단계 실시하며, 결합되지 않고 남아 있는 모든 항이 주항이 된다.

$$A\overline{B}C + A\overline{B}\,\overline{C} = A\overline{B}$$

$$101- + 100- = 10--$$

$$XY + X\overline{Y} = X$$

[그림 5-9] 2단계 변수소거

이러한 처리단계를 줄이기 위해서는 최소항에 대한 2진수 표현에서 하나의 비트값만 다른 최소항들을 비교하도록 해야 한다. 따라서 최소항에 대한 2진수 표현에서 '1'의 개수에 따라 여러 그룹으로 나누면 인접된 두 그룹 내에서만 하나의 비트값이 다른 최소항들이 나타나게 된다. 즉, '1' 개수가 2개 이상 다른 두 그룹 내의 각 최소항들은 최소한 두 개 이상의 비트가 다르게 된다.

다음은 콰인-매클러스키법을 이용하여 함수 F에 대하여 간략화하는 방법을 알아본다.

$$F(A, B, C, D) = \Sigma(0, 2, 5, 6, 7, 10, 13, 14, 15)$$

① 최소항들을 변수 대신 상수를 표시하며, 1의 개수가 적은 항부터 많은 항의 순으로 배열한 도표를 만든다.

최소항 번호	2 진 값			
	A	B	C	D
0	0	0	0	0
2	0	0	1	0
5	0	1	0	1
6	0	1	1	0
10	1	0	1	0
7	0	1	1	1
13	1	1	0	1
14	1	1	1	0
15	1	1	1	1

② 1차 간략화 : 각 최소항들 중 한 개의 비트만 서로 다른 항을 찾아 변수를 제거한다. 이때 1의 개수로 그룹을 나누면 인접한 그룹에서만 변수제거가 가능하다. 제거된 변수 대신에 그 자리에는 '–'를 표시하여 변수제거를 나타내며 각 항들은 처리되었음을 표시한다.(V)

예를 들어 다음과 같이 되는 것이다.

$$\overline{A}B\overline{C}D + \overline{A}BCD = \overline{A}BD(\overline{C} + C) = \overline{A}BD \rightarrow 01-1$$

③ 2차 간략화 : '–'를 포함하여 1차 간략화에서와 마찬가지 방법으로 인접한 그룹에서 단지 한 개의 변수 값만이 다른 두 개의 항을 찾아 변수를 제거하고 '–'를 부여한다.

④ n차 간략화 : 더 이상 간략화되지 않을 때까지 변수를 제거하는 과정을 반복한다.

최소항 번호	2 진 값 A	B	C	D	1차 간략화	2차 간략화
0	0	0	0	0	V 0 0 − 0 (0,2)	
2	0	0	1	0	V 0 − 1 0 (2,6) V	− − 1 0 ((2,6),(10,14))
5	0	1	0	1	V − 0 1 0 (2,10) V	− − 1 0 ((2,6),(6,14))
6	0	1	1	0	V 0 1 − 1 (5,7) V	− 1 − 1 ((5,7),(13,15))
10	1	0	1	0	V − 1 0 1 (5,13) V	− 1 − 1 ((5,13),(7,15))
7	0	1	1	1	V 0 1 1 − (6,7) V	− 1 1 − ((6,7),(14,15))
13	1	1	0	1	V − 1 1 0 (6,14) V	
14	1	1	1	0	V 1 − 1 0 (10,14) V	
15	1	1	1	1	V − 1 1 1 (7,15) V	
					V 1 1 − 1 (13,15) V	
					V 1 1 1 − (14,15) V	

⑤ 간략화가 끝난 후, 최후의 항들을 표시하고 그 항들에 포함되는 최소항을 표시한다.

⑥ 최후에 남은 항들 중 모든 최소항을 포함하는 조합을 선택한다.

A	B	C	D	0	2	5	6	7	10	13	14	15
0	0	−	0	○	○							
−	−	1	0		○		○		○		○	
−	1	−	1			○		○		○		○
−	1	1	−				○	○			○	○
				V	V	V	V	V	V	V	V	V

⑦ 선택된 항들을 상수 대신 변수로 표기하고, '−'로 붙여진 변수는 생략하여 논리식을 완성한다.

$$F(A,B,C,D) = \overline{A}\,\overline{B}\,\overline{D} + C\overline{D} + BD$$

이상으로 논리식의 간략화가 이루어졌다.

연습문제

1. 불 대수 공식을 이용하여 아래의 불 함수를 간략화시키시오.

(1) $F=\overline{A}B+\overline{B}C+ABC+B\overline{C}D$

(2) $F=(\overline{A}B+BC+AC)$

(3) $F=\overline{(A+B)\cdot(C+D)}$

(4) $F=\overline{AB+AC+B\overline{C}}$

(5) $F=(A\overline{B}+\overline{A}C)(A+\overline{C})$

2. 다음 논리회로에 대한 논리식을 적으시오.

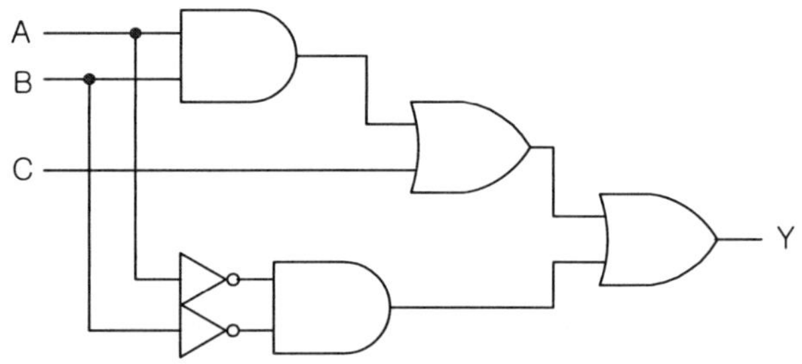

3. 다음 논리식에 해당되는 논리회로를 표현하시오.

(1) $F=AB+BC+CA$

(2) $F=(A+C)(ABC+ACD)$

(3) $F=(AB+BC)\cdot(BC+CA)$

4. 다음의 카르노도법로부터 간략화된 불 함수를 구하여라.

AB \ CD	00	01	11	10
00	1			1
01		1	1	
11	1	1	1	1
10	1			1

(a)

AB \ CD	00	01	11	10
00	1			1
01		1		
11	1	1	1	1
10	1	1		1

(b)

5. 다음의 불 함수를 카르노도법을 이용하여 간략화시키시오.

(1) $F(A,B,C)=\overline{A}\,\overline{B}\,\overline{C}+\overline{B}C+\overline{A}B$

(2) $F(A,B,C)=\overline{A}\,\overline{B}\,\overline{C}+\overline{A}\,\overline{B}C+\overline{A}BC+A\overline{B}C$

(3) $F(A,B,C,D)=A\overline{B}C\overline{D}+A\overline{B}CD+ABC\overline{D}+ABCD$

6. 다음의 표준형으로 표현된 불 함수를 카르노도법을 이용하여 간략하시키시오.

(1) $F(A,B,C)=\Sigma(0,1,3,5,6,7)$

(2) $F(A, B, C)=\Sigma(2, 3, 5, 6, 7)$

(3) $F(A,B,C,D)=\Sigma(0,1,2,4,8,9,10,11)$

(4) $F(A,B,C,D)=\Pi(0,2,4,6,8,10)$

7. 다음 진리표를 보고 간략화하고 논리식 및 논리회로를 그리시오.

입 력			출 력
A	B	C	F
0	0	0	0
0	0	1	1
0	1	0	0
0	1	1	1
1	0	0	1
1	0	1	0
1	1	0	1
1	1	1	0

제 6 장

기본 연산회로

디지털 시스템은 기본적으로 산술 논리연산장치를 갖고 있으며, 실제 데이터의 처리는 대부분 이 연산회로를 통하여 이루어진다. 연산장치는 가산기회로를 가장 기본적인 기능으로 한다. 기본연산은 2진수의 가산으로부터 시작되는데 이것만으로도 감산, 승산, 제산 등을 수행할 수 있다. 이를 기본으로 2진수의 1비트에 대한 반가산기, 전가산기, 반감산기, 전감산기 등의 기본 모듈의 회로를 설계하며 산술논리연산장치에 대해서 알아보자.

6-1 가 산 기

디지털 시스템에서 산술연산 중 가산의 원리는 대단히 중요하다.

디지털 시스템에서 가산은 2진수를 사용하여 수행한다. 2진수 1비트를 갖는 두 수의 가산을 보자.

$$\begin{array}{r} 0 \\ +0 \\ \hline 0 \end{array} \quad \begin{array}{r} 0 \\ +1 \\ \hline 1 \end{array} \quad \begin{array}{r} 1 \\ +0 \\ \hline 1 \end{array} \quad \begin{array}{r} 1 \\ +1 \\ \hline 10 \end{array}$$

↑ 자리올림

과 같이 1비트 가산을 행하는 경우 1비트의 출력과 1비트의 자리올림이 발생하게 된다. 그러면 2비트의 2진수 가산을 행하게 되면 2비트의 결과는 합(sum)과 1비트의 자리올림(carry)이 발생하여 출력된다. 이와 같이 가산을 할 수 있는 장치를 가산기(Adder)라 하며, 가산기는 반가산기(HA : Half Adder)와 전가산기(FA : Full Adder)가 있다.

6–1–1 반가산기

반가산기는 1비트의 2진수 데이터 A, B만을 가산할 수 있는 회로로서 결과(sum) S와 자리올림수(carry) C를 출력하는 회로를 반가산기 (HA : Half Adder)라고 하며, 반가산기의 진리표를 〈표 6-1〉에 나타내었다.

〈표 6-1〉 반가산기의 진리표

입 력		출 력	
A	B	S(Sum)	C(Carry)
0	0	0	0
0	1	1	0
1	0	1	0
1	1	0	1

〈표 6-1〉로부터 S(Sum)는 입력변수들이 서로 같지 않을 때만 1이 되므로, 입력변수 A와 B의 Exclusive-OR로 나타내며 C(Carry)는 입력변수 A와 B가 모두 1일 때만 1이 되므로 불 함수를 구하면 다음과 같다.

$$S = \overline{A}B + A\overline{B} = A \oplus B$$
$$C = AB$$

따라서 반가산기의 논리회로도는 AND 게이트와 2입력 Exclusive-OR 게이트로 구성되며, [그림 6-1]에 회로도와 반가산기의 블록도를 나타내었다.

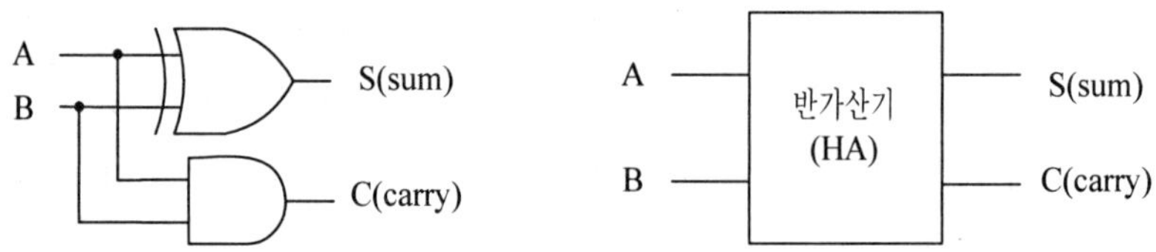

(a) 반가산기의 회로도 (b) 반가산기의 블록도

[그림 6-1] 반가산기의 회로도와 블록도

6-1-2 전가산기

전가산기(FA : Full Adder)는 1 비트의 2진수 입력 A, B와 전단에서 발생하는 자리올림수(입력 : C_i)를 덧셈하여 합 S와 자리올림수(출력 : C_0)를 계산하는 조합 논리회로이다. 〈표 6-2〉는 전가산기의 진리표이다.

〈표 6-2〉 전가산기의 진리표

입력			출력	
A	B	C_i	S(Sum)	C_0(Carry)
0	0	0	0	0
0	0	1	1	0
0	1	0	1	0
0	1	1	0	1
1	0	0	1	0
1	0	1	0	1
1	1	0	0	1
1	1	1	1	1

〈표 6-2〉에서 A와 B는 각각 합하는 수의 비트를 나타내고 있으며, C_i는 A와 B보다 낮은 자리에서 올라온 올림수 비트를 나타낸다. 출력 S와 C_o는 각각 합한 결과와 다음 자리로 올라가는 올림수 비트를 나타낸다. 〈표 6-2〉에서 S와 C_o의 논리함수를 구하면,

$$
\begin{aligned}
S &= \overline{A}\,\overline{B}C_i + \overline{A}B\overline{C_I} + A\overline{B}\,\overline{C_I} + ABC_i \\
&= (\overline{A}B + A\overline{B})\overline{C_I} + (\overline{A}\,\overline{B} + AB)C_i \\
&= (A \oplus B)\overline{C_I} + (\overline{A \oplus B})C_i \\
&= (A \oplus B) \oplus C_i
\end{aligned}
$$

$$
\begin{aligned}
C_o &= \overline{A}BC_i + A\overline{B}C_i + AB\overline{C_I} + ABC_i \\
&= (\overline{A}B + A\overline{B})C_i + AB(\overline{C_i} + C_i) \\
&= (A \oplus B)C_i + AB
\end{aligned}
$$

이 된다. [그림 6-2]의 (a)는 전가산기의 회로도이며, (b)는 전가산기의 블록도이다. [그림 6-3]과 같이 전가산기 회로는 2개의 반가산기와 1개의 OR 게이트로 구성할 수도 있다.

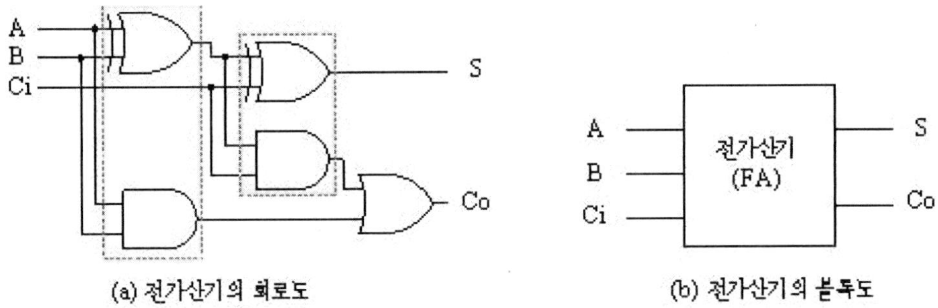

[그림 6-2] 전가산기의 회로도와 블록도

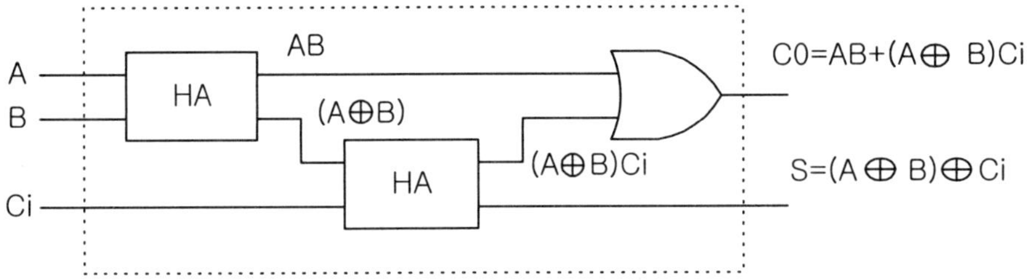

[그림 6-3] 두 개의 반가산기로 사용한 전가산기의 논리회로

6-2 감 산 기

감산기도 가산기처럼 전단의 자리빌림을 처리하는가, 그렇지 않은가에 따라 반감산기(HS : Half Subtracter)와 전감산기(FS : Full Subtracter)로 나눌 수 있다.

6-2-1 반감산기

반감산기는 1비트의 2진수 A에서 B를 감산하여 차(difference, D)와 자리내림수(borrow, b)를 출력하는 회로를 반감산기(HS : half subtracter)라고 하며, 〈표 6-3〉에 반감산기의 진리표를 나타내었다.

<표 6-3> 반감산기의 진리표

입 력		출 력	
A	B	D(Difference)	B_0(Borrow)
0	0	0	0
0	1	1	1
1	0	1	0
1	1	0	0

〈표 6-3〉의 진리표에서 D(Difference)는 입력변수들이 서로 같지 않을 때만 1이 되므로, 입력변수 A와 B의 Exclusive-OR로 구할 수 있다.

$$D = \overline{A}B + A\overline{B} = A \oplus B$$

또한 B_0(Borrow)는 입력변수 A = 0, B = 1일 때 1이 되므로 $B_o = \overline{A} \cdot B$와 같이 된다.

D와 B_0의 논리식에 의해 얻어진 반감산기의 논리회로는 2입력 AND, NOT 및 Exclusive-OR 2입력 게이트로 구성되며 아래와 같이 반감산기와 블록도를 나타내었다.

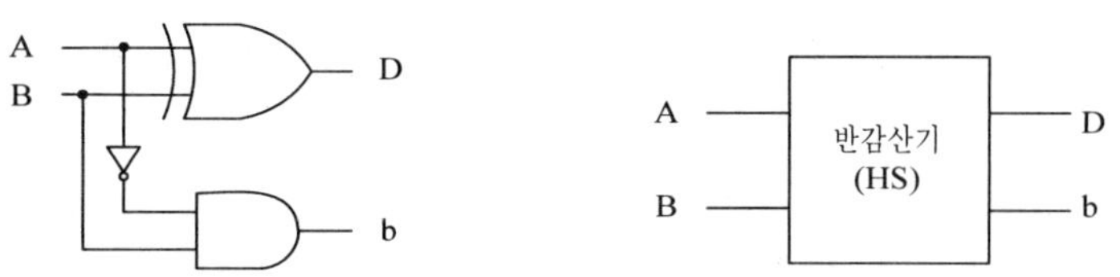

(a) 반감산기의 회로도 (b) 반감산기의 블록도

[그림 6-4] 반감산기의 회로도와 블록도

6-2-2 전감산기

반감산기는 전단에서 자리빌림이 발생하였어도 그것을 처리할 수 없으므로 전단의 자리 빌림을 감산할 수 있는 전감산기가 필요하다. 이의 설계는 전가산기와 마찬가지로 이루어지며, 두 입력 A, B 외에 또 하나의 자리내림수 B_i을 입력으로 하여 감산을 수행하는 회로를 전감산기라 한다.

이에 대한 전감산기의 진리표를 〈표 6-4〉에 나타내었다.

<표 6-4> 전감산기의 진리표

입 력			출 력	
A	B	B_i	D(Difference)	B_0(Borrow)
0	0	0	0	0
0	0	1	1	1
0	1	0	1	1
0	1	1	0	1
1	0	0	1	0
1	0	1	0	0
1	1	0	0	0
1	1	1	1	1

〈표 6-4〉에서 A와 B 각각 합하는 수의 비트를 나타내고 있으며, B_i는 A와 B보다 낮은 자리에 빌려준 빌림수 비트를 나타낸다. 출력 D와 B_o는 각각 뺄셈한 결과와 다음 자리로부터 빌려올 빌림수 비트를 나타낸다.

[그림 6-12]의 카르노 맵으로부터 D와 B_o의 논리함수를 곱의 합 형식으로 구하면,

$$\begin{aligned} D &= \overline{A}\,\overline{B}B_i + \overline{A}B\overline{B_i} + A\overline{B}\,\overline{B_i} + ABB_i \\ &= (\overline{A}B + A\overline{B})\overline{B_i} + (\overline{A}\,\overline{B} + AB)B_i \end{aligned}$$

$$= (A \oplus B)\overline{B_i} + (\overline{A} \overline{\oplus} \overline{B})B_i$$

$$= (A \oplus B) \oplus B_i$$

$$B_o = \overline{A}\,\overline{B}B_i + \overline{A}B\overline{B_i} + \overline{A}BB_i + ABB_i$$

$$= B_i(\overline{A}\,\overline{B} + AB) + \overline{A}B = B_i(\overline{A \oplus B}) + \overline{A}B$$

$$= B_i(A \odot B) + \overline{A}B$$

D와 B_o의 논리식에 의한 전감산기의 회로도와 블록도는 [그림 6-5]와 같다.

그리고 전감산기는 2개의 반감산기와 1개의 NOT, 1개의 OR 게이트로 구성된다.

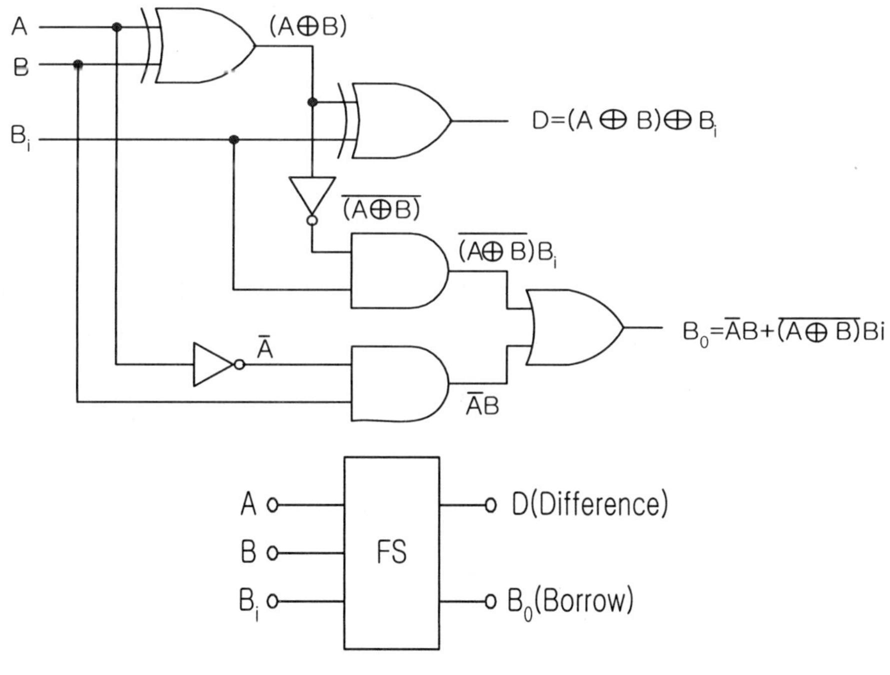

[그림 6-5] 전감산기의 회로도와 블록도

6-3 병렬 가산기

반가산기는 2비트의 덧셈기에 해당하며, 전가산기는 3비트의 덧셈기에 해당한다. 여러 비트의 덧셈을 행할 때에는 병렬 가산기를 사용해야 한다.

병렬 가산기는 여러 비트를 갖는 두 수를 동시에 가산할 수 있는 것이다. 그러나 병렬 가산기는 4비트가 가장 일반적이다.

예를 들어 두 개의 4비트 덧셈을 행할 때

$$\begin{array}{ccccc} C_3 & C_2 & C_1 & C_0 & \\ & A_3 & A_2 & A_1 & A_0 \\ + & B_3 & B_2 & B_1 & B_0 \\ \hline S_4 & S_3 & S_2 & S_1 & S_0 \end{array}$$

(C_3, C_2, C_1, C_0는 캐리)

4비트 2진수 $A = A_3A_2A_1A_0$와 4비트 2진수 $B = B_3B_2B_1B_0$를 더한다. 그러면 $S_3S_2S_1S_0$의 합을 갖게 되고, 최종단의 자리올림 S_4가 있다. 그리고 전단의 자리올림 $C_3C_2C_1C_0$가 주어지게 된다. 즉,

$$S_0 = A_0 + B_0$$
$$S_1 = A_1 + B_1 + C_0$$
$$S_2 = A_2 + B_2 + C_1$$
$$S_3 = A_3 + B_3 + C_2$$
$$S_4 = C_3$$

와 같이 된다. 그러므로 4비트 병렬 2진 가산기의 경우 반가산기와 전가산기 4개를 [그림 6-5]처럼 종속접속(cascade connection)하여 쓰면 $A_3A_2A_1A_0$과 $B_3B_2B_1B_0$을 직접 덧셈할 수 있는 병렬가산기(parallel adder)가 만들어진다. 4비트 병렬 2진 가산기는 [그림 6-6]과 같다.

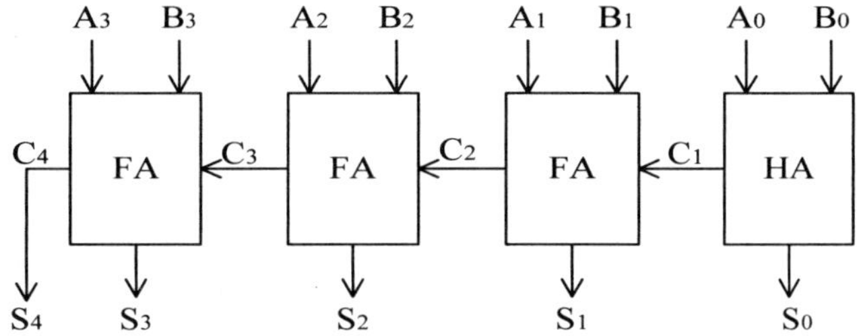

[그림 6-6] 4비트 병렬 2진 가산기

6-4 병렬 가•감산기

[그림 6-7]은 4비트 병렬 가산기/감산기의 구성도이다.

제어입력 T는 가산 또는 감산을 선택하는 신호이다. T가 0이면 $B_3B_2B_1B_0$가 그대로 가산기에 입력되고 궤환 올림수 연결선은 AND 게이트에 의해 회로에서 제거되므로 $A_3A_2A_1A_0 + B_3B_2B_1B_0$의 가산이 수행된다.

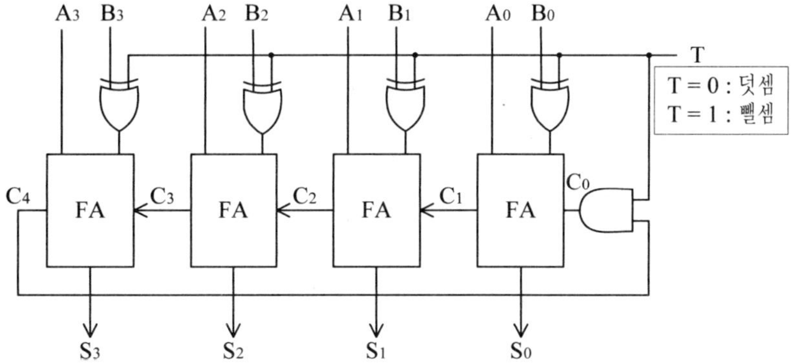

[그림 6-7] 4비트 병렬 가·감산기

제어입력 T가 '1'이면 XOR 게이트는 $B_3B_2B_1B_0$을 반전시켜 '1'의 보수를 가산기에 입력시키게 되고, AND 게이트에 의해 순환 자리올림수 연결선이 연결되어 MSB에서 발생한 올림수가 LSB 가산기의 올림수 입력단자에 연결되어 '1'의 보수 방식을 이용한 감산에서 필요한 순환 자리올림수(end- around-carry)의 처리과정을 수행하게 된다.

따라서 위의 회로에서 T = '1'이면 감산인 '$A_3A_2A_1A_0 - B_3B_2B_1B_0$'가 수행된다. 즉, 감산을 할 때만 XOR 게이트와 AND 게이트가 동작하여 '1'의 보수와 순환 자리올림수 연산이 수행된다.

6-5 BCD 가산기

BCD(8421) 코드는 0에서부터 9까지 사용되며, 10에서 15까지는 사용되지 않는 코드이다. BCD 코드 가산을 행할 때에는 BCD 코드 덧셈을 행하여 BCD 코드가 되면 덧셈을 행한 답이 맞는 것이지만, BCD 코드가 아닌 수가 나타나면 6(0110)을 덧셈해 주어야 한다. 예를 들어 (56+98)의 BCD 덧셈을 행하면 다음과 같다.

56	⟹	0101 0110	(하위자리와 상위 자리 모두 BCD 코드가 아니기 때문에 하위자리와 상위자리 모두 6(0110)을 더한다)
+98	⟹	+1001 1000	
154	⟹	1110 1110	
		+0110 0110	
		0001 0101 0100	

위와 같이 6(0110)을 더해주는 경우는 BCD에서 미사용 코드가 나타나는 경우와 같다. 즉 BCD에서 사용되지 않는 코드는 〈표 6-5〉와 같다.

<표 6-5> BCD에서 미사용 코드

10진수	BCD에서 미사용 코드			
	Z_3	Z_2	Z_1	Z_0
10	1	0	1	0
11	1	0	1	1
12	1	1	0	0
13	1	1	0	1
14	1	1	1	0
15	1	1	1	1

BCD 덧셈에서 6(0110)을 더해주는 경우는 〈표 6-5〉에서 알 수 있듯이 세 가지의 경우에 해당한다.

① Z_3과 Z_1가 동시에 1이 되는 경우

② Z_3과 Z_2가 동시에 1이 되는 경우

③ 최종단에서 자리올림이 발생하는 경우

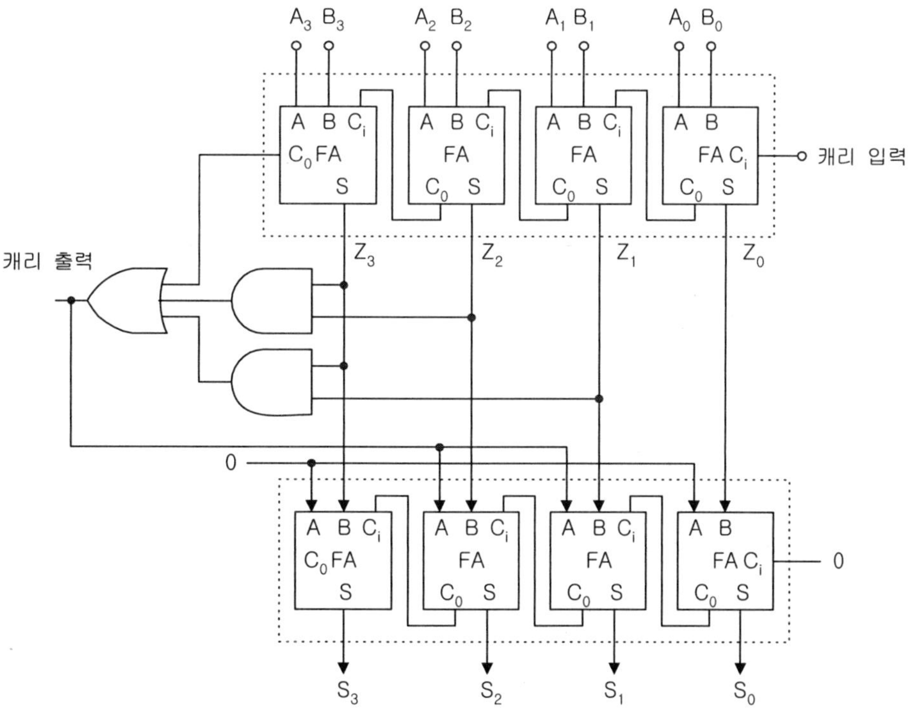

[그림 6-8] BCD 가산기

③의 항목에서 최종단에서 자리올림이 발생하는 경우도 덧셈의 결과가 9를 초과할 때에 해당하므로 6(0110)을 더해주어야 한다. 이러한 방법을 구현한 BCD 가산기의 회로는 [그림 6-8]과 같다.

연습문제

1. 가산기에 대한 설명을 해보시오.

2. 반가산기의 합(sum)과 캐리(carry)를 나타내는 진리표와 논리회로도를 그려보시오.

3. 반감산기에서 차를 얻기 위해 사용되는 논리 게이트는?

4. 반가산기를 사용하여 전가산기의 블록도를 그려 보시오.

5. 전감산기의 진리표를 그리고 반감산기를 이용하여 전감산기를 구성하여라.

6. 전가산기의 합과 캐리에 대한 논리식을 적으시오.

7. 전가산기회로는 몇 개의 입력과 몇 개의 출력을 가지고 있는가?

8. 입력 A, B와 출력 D, B_i를 갖는 반감산기의 논리회로를 설계하여라.

제 7 장

조합 논리회로

디지털 시스템에 관한 논리회로는 조합적(combinational)이거나 순서적(sequential)인 것을 알 수 있다. 이에 따라 논리회로는 크게 나누어 조합 논리회로(combinational logic circuits)와 순차 논리회로(sequential logic circuits)로 구분된다.

조합 논리회로는 회로의 출력이 이 입력의 조합에 의하여만 결정되는 회로로서 기억소자가 없는 논리회로이다.

두 개의 입력을 비교한다든지, 입력되는 코드를 또 다른 코드로 변환한다든지, 입력되는 코드를 해독하든지, 여러 개의 입력 중 하나를 선택하여 출력하든지, 하나의 입력을 여러 개의 출력 중 하나로 연결하여 출력하든지 등 여러 가지 회로를 구성할 수 있다. 이에 반하여 순차회로는 논리 게이트에 기억소자를 첨가하여 사용한다.

따라서 기억소자와 그의 주변요소들의 상태 및 입력함수로서, 기억소자들의 상태는 과거의 입력과 현재의 입력에 의해 결정되므로 궤환요소를 갖고 있거나 기억소자를 갖고 있으며, 회로의 동작은 내부적인 상태와 입력들에 대한 시간순서(time sequence)에 의해 동작된다.

조합 논리회로의 블록도(block diagram)를 [그림 7-1]에 나타냈다.

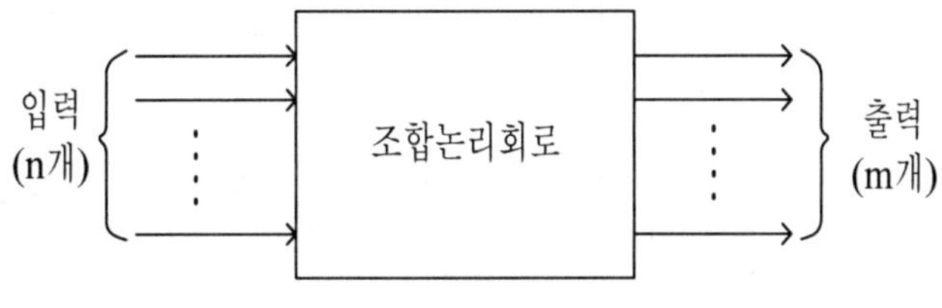

[그림 7-1] 조합 논리회로 블록도

n개의 입력변수가 외부로부터 오며, m개의 출력(변수)이 외부로 보내어진다. 조합 논리회로에는 비교기, 패리티 발생기, 코드 변환기, 인코더, 디코더, 멀티플렉서, 디멀티플렉서 등이 있다.

어떤 특수한 용도를 갖는 조합 논리회로를 설계하는 순서는 다음과 같다.

① 입력변수의 수와 출력변수의 수를 정하고 각각에 문자, 기호 등

으로 적당한 변수를 결정한다.

② 입·출력 변수 간의 진리표를 작성한다.

③ 입력변수에 대응하는 출력값을 구하고 간략화된 불 함수로 구한다.

④ 논리회로도를 그린다.

7-1 비 교 기

비교기(comparator)는 두 개의 2진수 입력값을 비교하는 것으로 두 입력의 값이 서로 다른 수보다 크거나 작거나 또는 같음을 결정하는 논리회로이다. 두 개의 n비트 2진수 A와 B의 두 수의 크기를 비교하여

$$A = B, \qquad A > B, \qquad A < B$$

의 세 경우를 판별하며 이에 대한 진리표를 다음과 같이 나타냈다.

<표 7-1> 두 입력의 크기비교 진리표

입력	출력		
A B	Y1 : A<B	Y2 : A>B	Y3 : A=B
0 0	0	0	1
0 1	1	0	0
1 0	0	1	0
1 1	0	0	1

〈표 7-1〉의 진리표로부터 다음의 논리함수를 얻을 수 있다.

A < B인 경우 : $Y1 = \overline{A}B$는 '1'을 출력하여 A가 B보다 작은 수임을 나타낸다.

A > B 인 경우 : $Y2 = A\overline{B}$ 는 '1'을 출력하여 A가 B보다 큰 수임을 나타낸다.

A = B 인 경우 : $Y3 = \overline{A \oplus B} = A \odot B$ 는 '1'을 출력하여 A와 B가 같은 수임을 나타낸다.

위의 세 경우를 모두 판별할 수 있는 1 비트 2진 비교기 회로가 [그림 7-2]이다.

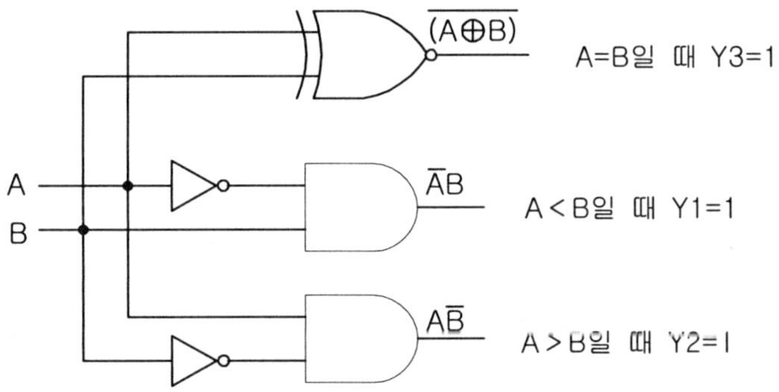

[그림 7-2] 2비트 비교기

여기에서 디지털 시스템은 2비트보다는 주로 4비트 이상의 변수를 많이 활용하므로 예를 들어 $A = A_3A_2A_1A_0$, $B = B_3B_2B_1B_0$의 4비트 2진 비교기를 생각해 보자.

두 수의 크기를 비교하기 위해서는 최상위 비트에서부터 차례로 비교해 보면 된다.

1) A>B인 경우

① $A_3 = 1$, $B_3 = 0$일 때 출력의 식은 다음과 같다.

$$A_3\overline{B_3}$$

② $A_3 = B_3$이고, $A_2 = 1$, $B_2 = 0$일 때 출력의 식은 다음과 같다.

$$\overline{(A_3\overline{B_3} + \overline{A_3}B_3)} \cdot A_2\overline{B_2}$$

③ $A_3=B_3$, $A_2=B_2$이고, $A_1=1$, $B_1=0$일 때 출력의 식은 다음과 같다.

$$\overline{(A_3\overline{B_3}+\overline{A_3}B_3)}\cdot\overline{(A_2\overline{B_2}+\overline{A_2}B_2)}\cdot A_1\overline{B_1}$$

④ $A_3=B_3$, $A_2=B_2$, $A_1=B_1$이고, $A_0=1$, $B_0=0$일 때 출력의 식은 다음과 같다.

$$\overline{(A_3\overline{B_3}+\overline{A_3}B_3)}\cdot\overline{(A_2\overline{B_2}+\overline{A_2}B_2)}\cdot\overline{(A_1\overline{B_1}+\overline{A_1}B_1)}\cdot A_0\overline{B_0}$$

따라서 $A>B$인 경우는 ①부터 ④까지 OR하면 된다.

2) A<B인 경우

① $A_3=0$, $B_3=1$일 때 출력의 식은 다음과 같다.

$$\overline{A_3}B_3$$

② $A_3=B_3$이고, $A_2=0$, $B_2=1$일 때 출력의 식은 다음과 같다.

$$\overline{(A_3\overline{B_3}+\overline{A_3}B_3)}\cdot\overline{A_2}B_2$$

③ $A_3=B_3$, $A_2=B_2$이고, $A_1=0$, $B_1=1$일 때 출력의 식은 다음과 같다.

$$\overline{(A_3\overline{B_3}+\overline{A_3}B_3)}\cdot\overline{(A_2\overline{B_2}+\overline{A_2}B_2)}\cdot\overline{A_1}B_1$$

④ $A_3=B_3$, $A_2=B_2$, $A_1=B_1$이고, $A_0=0$, $B_0=1$일 때 출력의 식은 다음과 같다.

$$\overline{(A_3\overline{B_3}+\overline{A_3}B_3)}\cdot\overline{(A_2\overline{B_2}+\overline{A_2}B_2)}\cdot\overline{(A_1\overline{B_1}+\overline{A_1}B_1)}\cdot\overline{A_0}B_0$$

따라서 $A<B$인 경우는 ①부터 ④까지 OR하면 된다.

3) A=B인 경우

$A_3=B_3$, $A_2=B_2$, $A_1=B_1$, $A_0=B_0$이다. 따라서 출력의 식은 다음과 같다.

$$\overline{(A_3\overline{B_3}+\overline{A_3}B_3)}\cdot\overline{(A_2\overline{B_2}+\overline{A_2}B_2)}\cdot\overline{(A_1\overline{B_1}+\overline{A_1}B_1)}\cdot\overline{(A_0\overline{B_0}+\overline{A_0}B_0)}$$

이러한 논리식에 따른 4비트 2진 비교기의 회로는 [그림 7-3]과 같다.

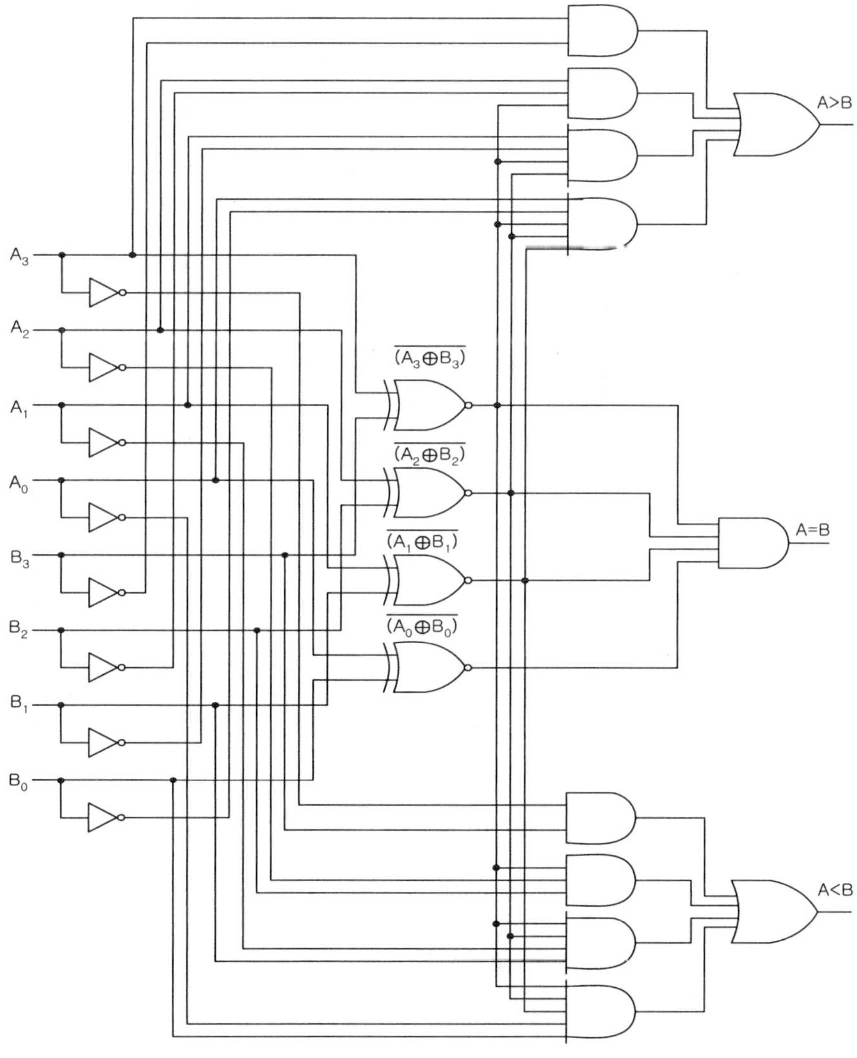

[그림 7-3] 4비트 2진 비교기

7-2 각종 코드 변환기

7-2-1 BCD(8421) 코드에서 3 초과 코드로 변환

BCD 코드는 사람이 비교적 쉽게 알아볼 수 있는 반면 가산이나 감산에서는 처리절차가 어려워진다. 반면 3 초과 코드는 자기보수 코드이므로 가산과 감산 알고리즘이 간편하여 연산에 쉽게 이용될 수 있다. BCD코드에서 3초과 코드로의 변환에 대한 진리표를 작성하면 〈표 7-2〉와 같다.

〈표 7-2〉 BCD 코드와 3초과 코드의 상관진리표

10진수	8 4 2 1				3 초과 코드			
	A	B	C	D	W	X	Y	Z
0	0	0	0	0	0	0	1	1
1	0	0	0	1	0	1	0	0
2	0	0	1	0	0	1	0	1
3	0	0	1	1	0	1	1	0
4	0	1	0	0	0	1	1	1
5	0	1	0	1	1	0	0	0
6	0	1	1	0	1	0	0	1
7	0	1	1	1	1	0	1	0
8	1	0	0	0	1	0	1	1
9	1	0	0	1	1	1	0	0

〈표 7-2〉의 진리표로부터 W, X, Y, Z의 불 함수를 구해 보면 다음과 같다.

$$W = \Sigma(5,6,7,8,9)$$

$$X = \Sigma(1,2,3,4,9)$$

$$Y = \Sigma(0,3,4,7,8)$$

$$Z = \sum(0,2,4,6,8)$$

위의 각 식을 4변수 카르노 맵에 적용 간략화하기 위해 표시한 것이 [그림 7-4]이다. 이들 맵에는 6개의 무관조건(don't care)이 있다. 즉, 1010부터 1111까지는 BCD 코드에서 사용하지 않으므로 이들을 무관조건으로 처리한다.

카르노 맵으로부터 간략화된 출력함수의 논리식을 구하면 다음과 같다.

$$W = A + B(C + D)$$

$$X = B\overline{C}\,\overline{D} + \overline{B}(C + D)$$

$$Y = CD + \overline{C}\,\overline{D}$$

$$Z = \overline{D}$$

AB \ CD	00	01	11	10
00	0	0	0	0
01	0	1	1	1
11	x	x	x	x
10	1	1	x	x

(a) W

AB \ CD	00	01	11	10
00	0	1	1	1
01	1	0	0	0
11	x	x	x	x
10	0	1	x	x

(b) X

AB \ CD	00	01	11	10
00	1	0	1	0
01	1	0	1	0
11	x	x	x	x
10	1	0	x	x

(c) Y

AB \ CD	00	01	11	10
00	1	0	0	1
01	1	0	0	1
11	x	x	x	x
10	1	0	x	x

(d) Z

[그림 7-4] BCD 코드와 3 초과 코드의 카르노도

각 출력함수를 이용하여 논리회로를 구성하면 [그림 7-5]와 같다.

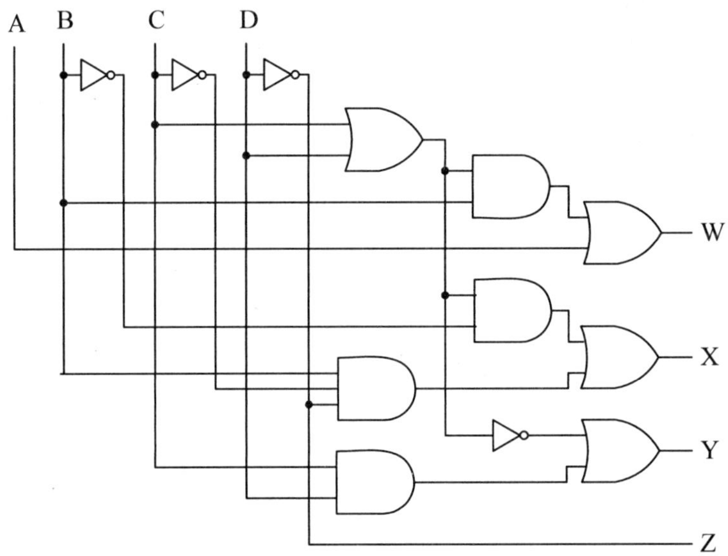

[그림 7-5] BCD 코드를 3 초과 코드로 변환시키는 논리회로

7-2-2 2진 코드와 그레이 코드와의 변환

최소 변화 코드 조건을 만족하여 기계적 위치 또는 광학량이 변화될 때 발생할 수 있는 오차를 최소한으로 줄일 수 있어 많이 사용되는 코드는 그레이 코드로서 2진코드와 그레이 코드를 서로 변환하기 위해서는 두 코드 간의 비교표를 만들어 〈표 7-3〉과 같이 나타낸다.

〈표 7-3〉의 비교표에서 그레이 코드값을 표준항으로 된 W, X, Y, Z의 불 함수를 구해 보면

$$W = \Sigma(8,9,10,11,12,13,14,15)$$
$$X = \Sigma(4,5,6,7,8,9,10,11)$$
$$Y = \Sigma(2,3,4,5,10,11,12,13)$$
$$Z = \Sigma(1,2,5,6,9,10,13,14)$$

<표 7-3> 10진-2진-그레이 코드 비교표

10진수	2진 코드				그레이 코드			
	A	B	C	D	W	X	Y	Z
0	0	0	0	0	0	0	0	0
1	0	0	0	1	0	0	0	1
2	0	0	1	0	0	0	1	1
3	0	0	1	1	0	0	1	0
4	0	1	0	0	0	1	1	0
5	0	1	0	1	0	1	1	1
6	0	1	1	0	0	1	0	1
7	0	1	1	1	0	1	0	0
8	1	0	0	0	1	1	0	0
9	1	0	0	1	1	1	0	1
10	1	0	1	0	1	1	1	1
11	1	0	1	1	1	1	1	0
12	1	1	0	0	1	0	1	0
13	1	1	0	1	1	0	1	1
14	1	1	1	0	1	0	0	1
15	1	1	1	1	1	0	0	0

위의 불 함수를 카르노 맵에 나타내면 다음과 같다.

AB \ CD	00	01	11	10
00				
01				
11	1	1	1	1
10	1	1	1	1

(a) W

AB \ CD	00	01	11	10
00				
01	1	1	1	1
11				
10	1	1	1	1

(b) X

AB \ CD	00	01	11	10
00	0	0	1	1
01	1	1	0	0
11	1	1	0	0
10	0	0	1	1

(c) Y

AB \ CD	00	01	11	10
00		1		1
01		1		1
11		1		1
10		1		1

(d) Z

위의 카르노 맵으로부터 간략화된 출력함수의 논리식을 구하면 다음과 같다.

$$W = A$$
$$X = A \oplus B$$
$$Y = B\overline{C} + \overline{B}C = B \oplus C$$
$$Z = C\overline{D} + \overline{C}D = C \oplus D$$

각 출력함수를 이용하여 논리회로를 구성하면 [그림 7-6]과 같다.

그리고 그레이 코드를 2진 코드로 변환하기 위해서는 위에서 주어진 〈표 7-3〉 10진-2진-그레이 코드 비교표에서 A, B, C, D의 불 함수를 구해보면

$$A = \Sigma(8,9,10,11,12,13,14,15)$$
$$B = \Sigma(4,5,6,7,8,9,10,11)$$
$$C = \Sigma(2,3,4,5,8,9,14,15)$$
$$D = \Sigma(1,2,4,7,8,11,13,14)$$

위의 불 함수를 카르노 맵에 나타내면 다음과 같다.

WX \ YZ	00	01	11	10
00				
01				
11	1	1	1	1
10	1	1	1	1

(a) A

WX \ YZ	00	01	11	10
00				
01	1	1	1	1
11				
10	1	1	1	1

(b) B

WX \ YZ	00	01	11	10
00			1	1
01	1	1		
11			1	1
10	1	1		

(c) C

WX \ YZ	00	01	11	10
00		1		1
01	1		1	
11		1		1
10	1		1	

(d) D

위의 카르노도 맵에서 간략화된 출력함수의 논리식을 구하면 다음과 같다.

$$A = W$$
$$B = W \oplus X$$
$$C = W \oplus X \oplus Y$$
$$D = W \oplus X \oplus Y \oplus Z$$

각 출력함수를 이용하여 논리회로를 구성하면 [그림 7-7]과 같다.

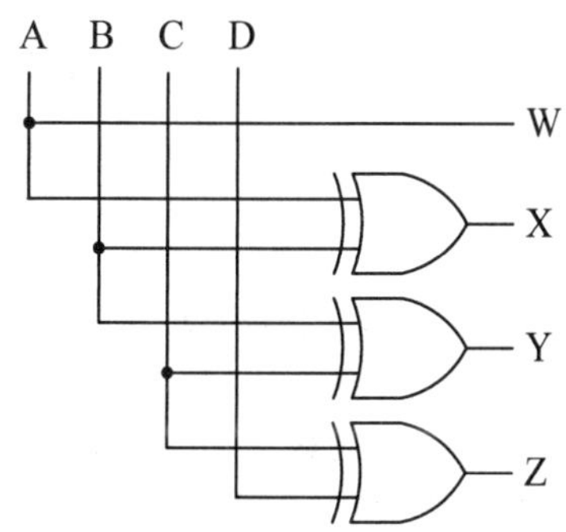

[그림 7-6] 2진수-그레이 코드 코드 변환기 논리회로도

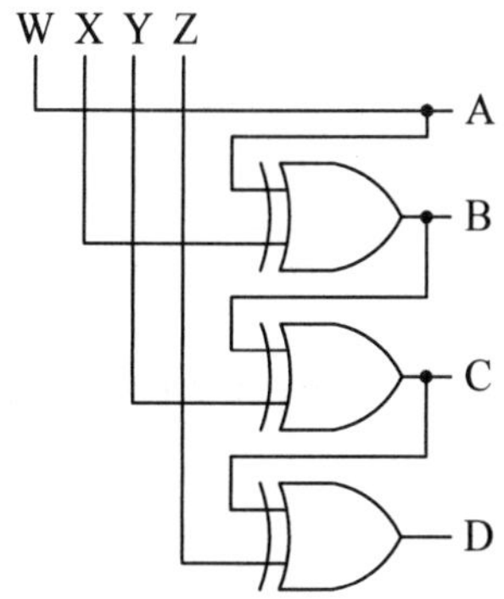

[그림 7-7] 그레이 코드-2진수 코드 변환기 논리회로도

7-2-3 패리티 체크

배타적 논리회로와 일치회로는 착오검출과 수정용 코드를 필요로 하는 시스템에서 많이 사용되며 데이터를 전송하는 도중에 생기는 착오를 검출하는 데 쓰인다. 예를 들어 짝수 패리티 비트와 함께 3개의 비트를 전송하는 경우 패리티 비트 발생과 수신 후 착오를 검출하는 패리티 검사기에 대한 설명을 들어 보면 다음과 같다.

짝수 패리티 발생기(parity generator)는 X, Y, Z의 입력값에 따라 패리티 비트 P를 만들어낸다. 짝수 패리티를 사용하므로 P를 포함한 4 비트 전체의 '1'의 개수를 짝수로 만든다. 3비트 데이터에 대하여 짝수 패리티를 발생시키는 짝수 패리티 발생기에 대한 진리표는 〈표 7-4〉와 같다.

$$P(X,Y,Z) = \Sigma(1,2,4,7)$$

〈표 7-4〉 짝수 패리티 발생

데이터 정보			발생 패리티
X	Y	Z	P
0	0	0	0
0	0	1	1
0	1	0	1
0	1	1	0
1	0	0	1
1	0	1	0
1	1	0	0
1	1	1	1

출력 P를 카르노 맵에 나타내어 간략화된 출력함수의 논리식을 구하면 다음과 같다.

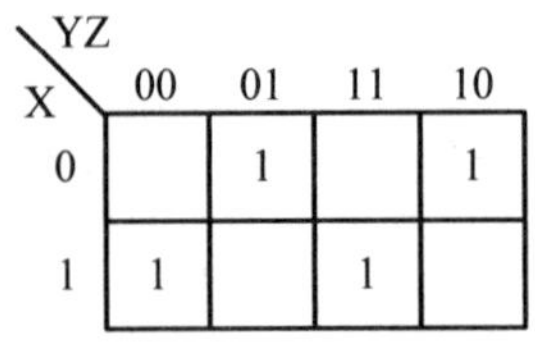

$$P = X \oplus Y \oplus Z$$

짝수 패리티 발생기에 대한 논리회로를 구성하면 [그림 7-8]과 같다.

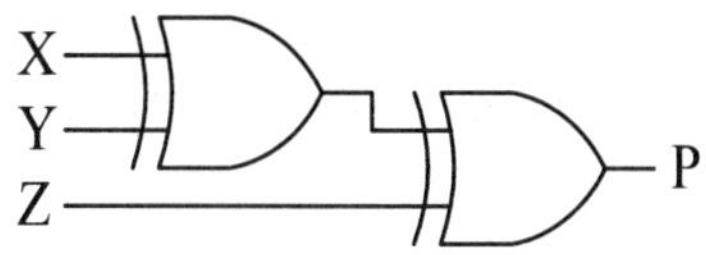

[그림 7-8] 짝수 패리티 비트 발생회로

그리고 전송되어 온 정보의 오류를 검사하기 위해서는 패리티 검사기(parity checker)를 이용하여 패리티 비트를 포함한 4비트 내의 '1'의 개수가 짝수인가를 확인하여야 한다. 4비트 데이터의 패리티가 이상 없으면(짝수라면) 패리티 검사기의 출력 C는 오류가 발생하지 않았으므로 '0'이 되고, 반대로 이상이 있으면(홀수이면) 오류가 발생하였으므로 C는 '1'이 된다. 〈표 7-5〉는 짝수 패리티 검사기의 진리표이다.

<표 7-5> 짝수 패리티 검사 진리표

수신 데이터				검사 비트
X	Y	Z	P	CH
0	0	0	0	0
0	0	0	1	1
0	0	1	0	1
0	0	1	1	0
0	1	0	0	1
0	1	0	1	0
0	1	1	0	0
0	1	1	1	1
1	0	0	0	1
1	0	0	1	0
1	0	1	0	0
1	0	1	1	1
1	1	0	0	0
1	1	0	1	1
1	1	1	0	1
1	1	1	1	0

〈표 7-5〉로부터 검사 비트 CH를 불 함수로 나타내면

$$CH(X,Y,Z,P) = \Sigma(1,2,4,7,8,11,13,14)$$

불 함수 CH는 카르노 맵을 이용하여 간략화시키면 짝수 패리티 검사기의 출력 CH는 다음과 같음을 알 수 있다.

$$CH = X \oplus Y \oplus Z \oplus P$$

이 논리식은 일치회로 3개로 구성되어 있으며 논리회로도는 [그림 7-9]와 같다.

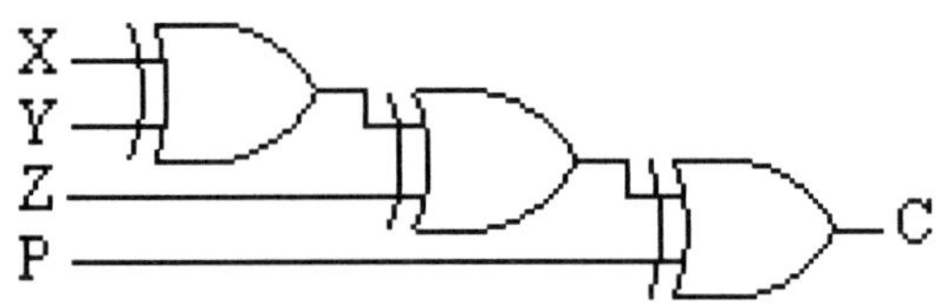

[그림 7-9] 짝수 패리티 검사회로

7-3 인 코 더

인코더(encoder : 부호기)는 어떤 입력을 특정의 부호로 변환하는 회로로 값들을 2진 코드나 BCD코드로의 변환을 수행하는 조합 논리회로이다. 여러 가지 기호나 알파벳 문자를 코드화하기도 하며, 기호나 숫자를 코드화하는 것을 인코딩(encoding)이라고 한다.

7-3-1 4-2 인코더

4-2 인코더는 입력이 4개이고, 2개의 출력이 되는 인코더이며. 출력

값은 입력값에 대한 2진 코드를 발생시킨다. 이에 대한 진리표는 〈표 7-6〉과 같다.

〈표 7-6〉 4-2 인코더

10진수	입력				출력	
	D0	D1	D2	D3	A	B
0	1	0	0	0	0	0
1	0	1	0	0	0	1
2	0	0	1	0	1	0
3	0	0	0	1	1	1

〈표 7-6〉에서 출력 A와 B가 1이 되는 것만 취하면 다음의 불 함수로 표현된다.

$$A = D2 + D3$$

$$B = D1 + D3$$

따라서 앞에서 구한 불 함수를 논리회로로 나타내면 [그림 7-10]과 같다.

또한 4-2 인코더의 블록도는 [그림 7-11]과 같다.

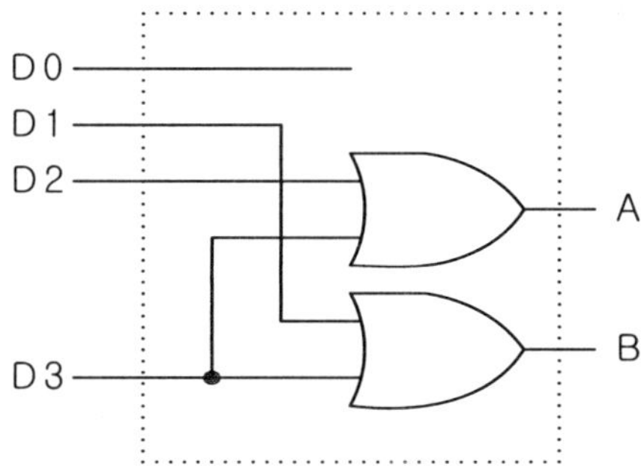

[그림 7-10] 4-2 인코더 논리회로

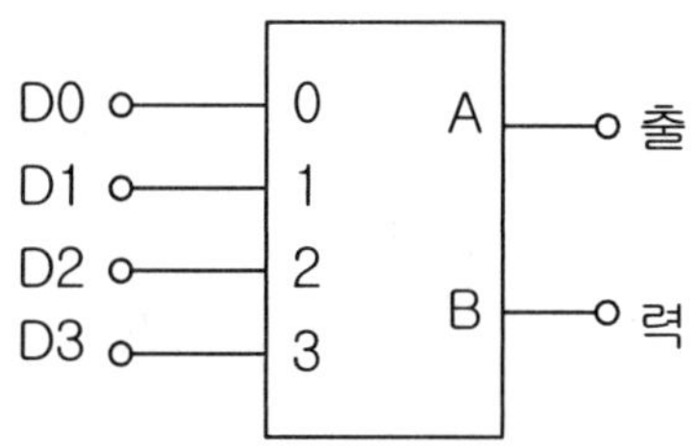

[그림 7-11] 4-2 인코더 블록도

7-3-2 8진-2진 인코더

8진-2진 인코더의 경우 입력은 8개를 가지며, 출력은 3개로서 3 비트의 2진수를 만들어낸다.

이에 대한 진리표는 〈표 7-7〉과 같다.

〈표 7-7〉 8진-2진 인코더 진리표

입 력								출 력		
D0	D1	D2	D3	D4	D5	D6	D7	A	B	C
1	0	0	0	0	0	0	0	0	0	0
0	1	0	0	0	0	0	0	0	0	1
0	0	1	0	0	0	0	0	0	1	0
0	0	0	1	0	0	0	0	0	1	1
0	0	0	0	1	0	0	0	1	0	0
0	0	0	0	0	1	0	0	1	0	1
0	0	0	0	0	0	1	0	1	1	0
0	0	0	0	0	0	0	1	1	1	1

〈표 7-7〉에서 출력 A, B, C에 대한 불 함수를 구하면,

$$A = D4 + D5 + D6 + D7$$

$$B = D2 + D3 + D6 + D7$$

$$C = D1 + D3 + D5 + D7$$

따라서 앞에서 구한 불 함수를 논리회로로 나타내면 [그림 7-12]와 같다.

또한 8진-2진 인코더의 블록도는 [그림 7-13]과 같다.

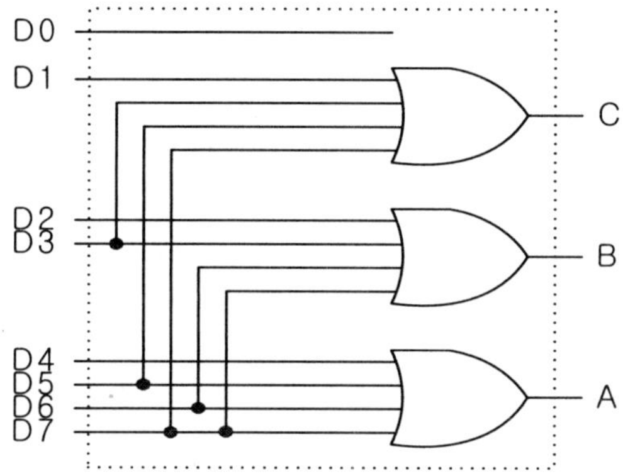

[그림 7-12] 8-3 인코더 논리회로

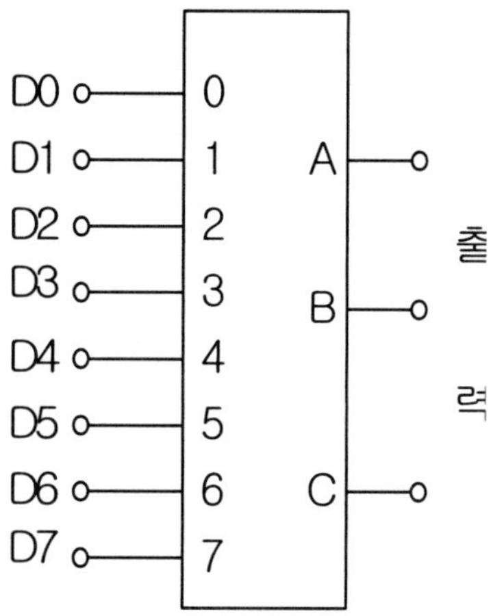

[그림 7-13] 8-3 인코더 블록도

7-3-3 10진-BCD 인코더

10진-BCD 인코더는 10진수를 BCD 코드로 변환하는 것을 말한다. 이에 대한 진리표는 〈표 7-8〉과 같다.

〈표 7-8〉 BCD 코드 진리표

10진수	BCD 코드			
	A	B	C	D
0	0	0	0	0
1	0	0	0	1
2	0	0	1	0
3	0	0	1	1
4	0	1	0	0
5	0	1	0	1
6	0	1	1	0
7	0	1	1	1
8	1	0	0	0
9	1	0	0	1

〈표 7-8〉에서 10진수를 BCD 코드로 변환하기 위해 A, B, C, D의 값의 불 함수를 구하면

$$A = 8 + 9$$

$$B = 4 + 5 + 6 + 7$$

$$C = 2 + 3 + 6 + 7$$

$$D = 1 + 3 + 5 + 7 + 9$$

따라서 앞에서 구한 불 함수를 논리회로로 나타내면 [그림 7-14]와 같다.

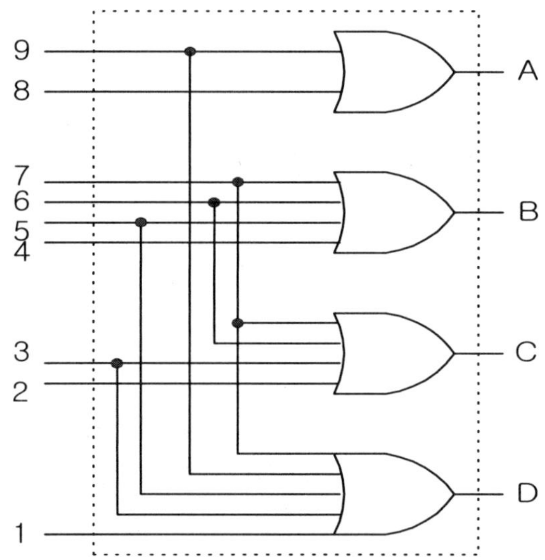

[그림 7-14] 10진-BCD 인코더 회로

7-4 디 코 더

디코더(decoder)란 코드화되어 있는 것을 해독하는 해독기로서 인코더의 역의 동작을 수행하는 조합논리 회로이다. 2진수의 n비트가 있다면 만들어지는 상태의 수는 2^n이 되며, n비트의 입력 코드를 해독하여 2^n개의 출력 중 하나로 내보내는 회로가 디코더인 것이다. 디코더는 특정코드의 해독뿐만 아니라 메모리의 어드레스 디코딩 등에도 사용된다.

7-4-1 2-4 디코더

2진수 2비트의 입력을 4개의 상태 중 하나로 선택하여 출력하는 회로를 2-4 디코더라고 한다. 이것은 디코더의 가장 기본이 되는 회로이다. 진리표를 구해보면 〈표 7-9〉과 같다.

〈표 7-9〉에서 출력의 불 함수를 구하면 다음과 같다.

$$D_0 = \overline{A}\,\overline{B}$$

$$D_1 = \overline{A}B$$

$$D_2 = A\overline{B}$$

$$D_3 = AB$$

〈표 7-9〉 2×4 디코더의 진리표

입 력		출 력			
A	B	D_0	D_1	D_2	D_3
0	0	1	0	0	0
0	1	0	1	0	0
1	0	0	0	1	0
1	1	0	0	0	1

가 된다. 이러한 불 함수에 의한 2-4 디코더의 논리회로는 [그림 7-15]와 같으며, 블록도는 [그림 7-16]과 같다.

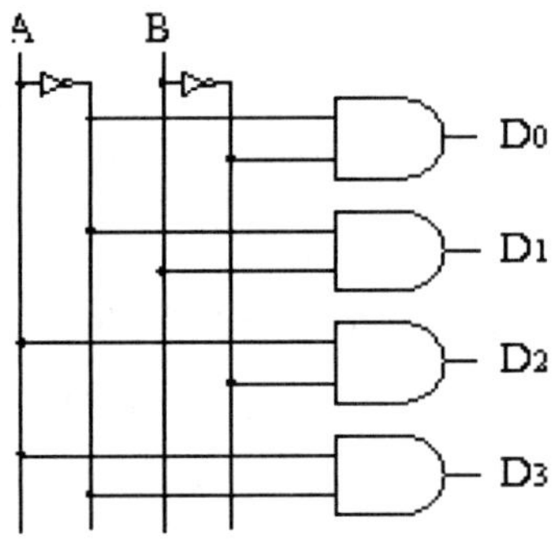

[그림 7-15] 2-4 디코더의 논리회로

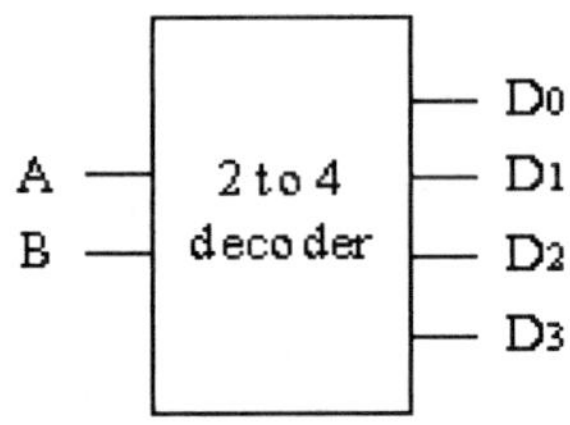

[그림 7-16] 2-4 디코더의 블록도

7-4-2 인에이블 입력을 갖는 3×8디코더

3×8디코더는 입력이 3개이고, 출력이 8(= 2^3)개인 디코더이다. 또한 인에이블(enable) 입력을 갖는 디코더는 인에이블 신호에 의해서 디코더 소자의 동작 가능 여부를 결정하게 된다.

일반적으로 인에이블($\overline{E}$) 신호는 Low에서 동작하고, 이에 대한 진리표는 〈표 7-10〉과 같다.

〈표 7-10〉에서 출력 Y의 불 함수를 구하면

$$\overline{D_0} = \overline{A}\,\overline{B}\,\overline{C}, \qquad \overline{D_1} = A\overline{C}\,\overline{B}$$

$$\overline{D_2} = \overline{A}B\overline{C}, \qquad \overline{D_3} = AB\overline{C}$$

$$\overline{D_4} = \overline{A}\,\overline{B}C, \qquad \overline{D_5} = A\overline{B}C$$

$$\overline{D_6} = \overline{A}CB, \qquad \overline{D_7} = ABC$$

와 같다.

<표 7-10> 3×8 디코더의 진리표

입	력		출				력			
C	B	A	$\overline{D_7}$	$\overline{D_6}$	$\overline{D_5}$	$\overline{D_4}$	$\overline{D_3}$	$\overline{D_2}$	$\overline{D_1}$	$\overline{D_0}$
0	0	0	1	1	1	1	1	1	1	0
0	0	1	1	1	1	1	1	1	0	1
0	1	0	1	1	1	1	1	0	1	1
0	1	1	1	1	1	1	0	1	1	1
1	0	0	1	1	1	0	1	1	1	1
1	0	1	1	1	0	1	1	1	1	1
1	1	0	1	0	1	1	1	1	1	1
1	1	1	0	1	1	1	1	1	1	1

위에서 구한 불 함수에 의한 인에이블 입력을 갖는 3×8 디코더의 논리회로는 [그림 7-17]과 같다.

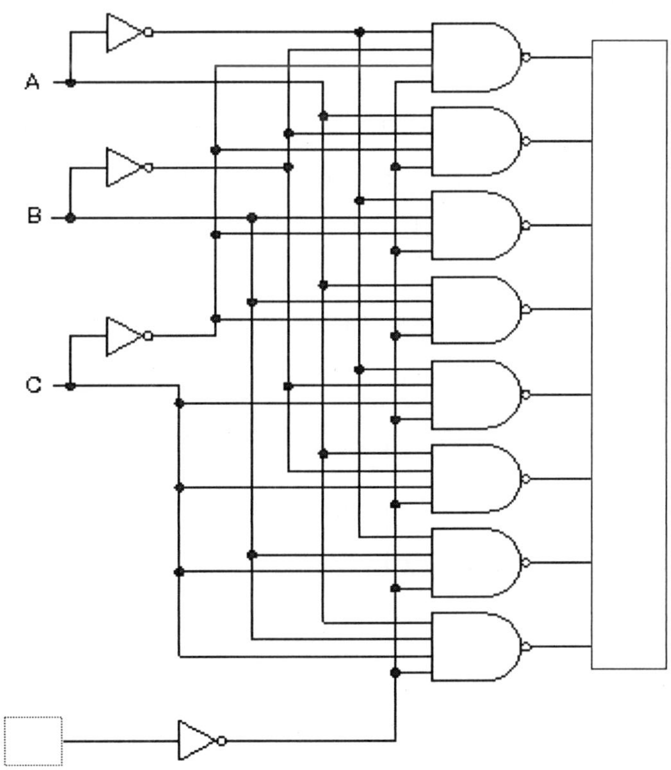

[그림 7-17] 인에이블 입력을 갖는 3×8 디코더의 논리회로

7-4-3 BCD-10진 디코더

BCD 코드는 디지털 시스템 내부에서 주로 사용되는 10진수를 나타내기 위한 표현 방법이다. 따라서 디지털 시스템에 의해서 처리된 BCD로 표현된 정보를 인간이 쉽게 알아볼 수 있도록 외부 표시장치에 나타내는 과정이 필요하게 된다.

BCD 코드로부터 변환된 10진 정보를 표시하는 장치로는 닉시튜브(nixy tube), FND, LCD, DOT MATRIX 등 여러 종류가 있다.

이들 장치에 원하는 정보를 출력하기 위해서는 BCD 정보에 대응하는 각 장치의 적절한 제어신호가 필요하게 된다. 이러한 목적으로 구성되는 BCD-10진 디코더는 BCD에 대응하는 10진 표시장치인 닉시튜브의 제어신호를 구성하는 회로이다.

이에 대한 진리표는 〈표 7-11〉과 같다.

〈표 7-11〉에서 불 함수를 구하면

$$D_0 = m_0,\ D_1 = m_1,\ D_2 = m_2,\ D_3 = m_3,\ D_4 = m_4$$
$$D_5 = m_5,\ D_6 = m_6,\ D_7 = m_7,\ D_8 = m_8,\ D_9 = m_9$$
$$\text{무관조건} = \sum m(10, 11, 12, 13, 14, 15)$$

〈표 7-11〉 BCD-10진 디코더의 진리표

입력				출력									
A	B	C	D	D_0	D_1	D_2	D_3	D_4	D_5	D_6	D_7	D_8	D_9
0	0	0	0	1	0	0	0	0	0	0	0	0	0
0	0	0	1	0	1	0	0	0	0	0	0	0	0
0	0	1	0	0	0	1	0	0	0	0	0	0	0
0	0	1	1	0	0	0	1	0	0	0	0	0	0
0	1	0	0	0	0	0	0	1	0	0	0	0	0
0	1	0	1	0	0	0	0	0	1	0	0	0	0
0	1	1	0	0	0	0	0	0	0	1	0	0	0
0	1	1	1	0	0	0	0	0	0	0	1	0	0
1	0	0	0	0	0	0	0	0	0	0	0	1	0
1	0	0	1	0	0	0	0	0	0	0	0	0	1

AB \ CD	00	01	11	10
00	D_0	D_1	D_3	D_2
01	D_4	D_5	D_7	D_6
11	x	x	x	x
10	D_8	D_9	x	x

[그림 7-18] BCD-10진 디코더의 카르노도

이며, 위에서 구한 불 함수를 카르노 맵에 적용하여 [그림 7-18]과 같이 나타내며 출력 논리식은 다음과 같다.

$$D_0 = \overline{A}\,\overline{B}\,\overline{C}\,\overline{D}\ ,\quad D_1 = A\overline{B}\,\overline{C}\,\overline{D}\ ,\quad D_2 = \overline{B}C\overline{D}\ ,\quad D_3 = \overline{B}CD\ ,$$

$$D_4 = B\overline{C}\,\overline{D}\ ,\quad D_5 = B\overline{C}D\ ,\quad D_6 = BC\overline{D}\ ,\quad D_7 = BCD\ ,$$

$$D_8 = A\overline{D}\ ,\quad D_9 = AD$$

따라서, 불 함수에 의한 논리회로는 [그림 7-19]와 같이 된다.

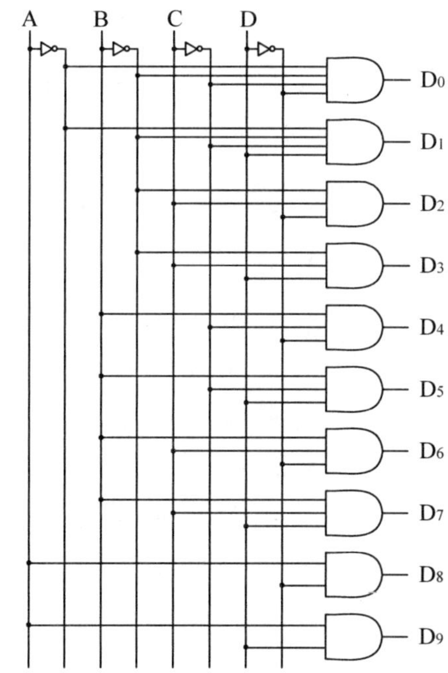

[그림 7-19] BCD-10진 디코더의 논리회로

7-4-4 7-세그먼트 디코더

7-세그먼트 디코더(7-segment decoder)는 7-세그먼트 표시장치를 사용하기 위한 디코더로서 BCD 코드값을 입력으로 받아들여 10진 숫자를 표시하게 된다.

7-세그먼트 표시장치는 각각의 세그먼트에 LED(Light Emitting Diode)로 구성되어 있으며 [그림 7-20]에 10진수 0~9를 표현하는 방법을 나타내었다.

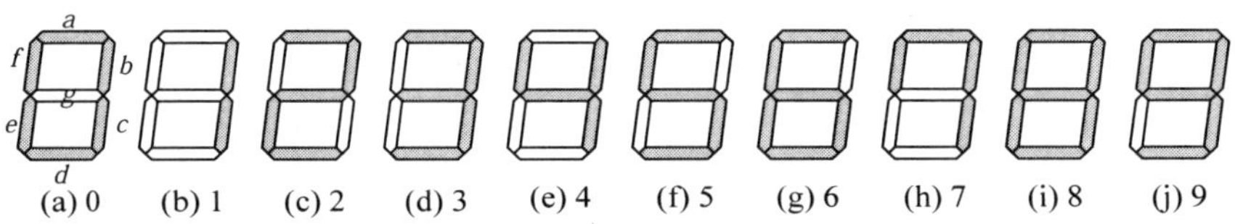

[그림 7-20] 7-세그먼트 표시장치

BCD 입력으로 7-세그먼트 표시의 구성을 위해 요구되는 디코딩 논리에 대해 살펴보면 〈표 7-12〉와 같은 진리표로 나타낸다.

〈표 7-12〉에서 a에서 g까지 각각은

a＝0, 2, 3, 5, 7, 8, 9 에서 동작
b＝0, 1, 2, 3, 4, 7, 8, 9 에서 동작
c＝0, 1, 3, 4, 5, 6, 7, 8, 9 에서 동작
d＝0, 2, 3, 5, 6, 8 에서 동작
e＝0, 2, 6, 8 에서 동작
f＝0, 4, 5, 6, 8, 9 에서 동작
g＝2, 3, 4, 5, 6, 8, 9 에서 동작

하게 된다.

<표 7-12> 7-세그먼트 디코더의 진리표

10진 표시	입 력				출 력						
	A	b	C	D	a	b	c	d	e	f	g
0	0	0	0	0	1	1	1	1	1	1	0
1	0	0	0	1	0	1	1	0	0	0	0
2	0	0	1	0	1	1	0	1	1	0	1
3	0	0	1	1	1	1	1	1	0	0	1
4	0	1	0	0	0	1	1	0	0	1	1
5	0	1	0	1	1	0	1	1	0	1	1
6	0	1	1	0	1	0	1	1	1	1	1
7	0	1	1	1	1	1	1	0	0	1	0
8	1	0	0	0	1	1	1	1	1	1	1
9	1	0	0	1	1	1	1	1	0	1	1

위의 제어 입력에 대한 동작 형태를 표준형으로 나타내면 아래와 같다.

$$a = \sum m(0,2,3,5,6,7,8,9)$$

$$b = \sum m(0,1,2,3,4,7,8,9)$$

$$c = \sum m(0,1,3,4,5,6,7,8,9)$$

$$d = \sum m(0,2,3,5,6,8,9)$$

$$e = \sum m(0,2,6,8)$$

$$f = \sum m(0,4,5,6,7,8,9)$$

$$g = \sum m(2,3,4,5,6,8,9)$$

나타낸 불 함수는 카르노도를 사용해서 간략화가 가능하다. 카르노도로 간략화할 때 BCD 코드에서는 1010, 1011, 1100, 1101, 1110, 1111의 코드는 사용되지 않으므로 이 미사용 코드는 무관 조건으로 사용하면 된다.

[그림 7-21]은 카르노도에 적용시켜 표현한 것이다.

[그림 7-21]로부터 7-세그먼트의 각 제어입력 불 함수를 구하면 다음과 같다.

$$a = A + C + BD + \overline{B}\,\overline{D}$$

$$b = \overline{B} + CD + \overline{C}\,\overline{D}$$

$$c = B + \overline{C} + D$$

$$d = A + \overline{B}\,\overline{D} + B\overline{C}D + C\overline{D}$$

$$e = \overline{B}\,\overline{D} + C\overline{D}$$

$$f = A + B + C'D'$$

$$g = A + C\overline{D} + \overline{B}C + B\overline{C}$$

AB \ CD	00	01	11	10
00	1	0	1	1
01	0	1	1	1
11	x	x	x	x
10	1	1	x	x

(a) a

AB \ CD	00	01	11	10
00	1	1	1	1
01	1	0	1	0
11	x	x	x	x
10	1	1	x	x

(b) b

AB \ CD	00	01	11	10
00	1	1	1	0
01	1	1	1	1
11	x	x	x	x
10	1	1	x	x

(c) c

AB \ CD	00	01	11	10
00	1	0	1	1
01	0	1	0	1
11	x	x	x	x
10	1	1	x	x

(d) d

AB \ CD	00	01	11	10
00	1	0	0	1
01	0	0	0	1
11	x	x	x	x
10	1	0	x	x

(e) e

AB \ CD	00	01	11	10
00	1	0	0	0
01	1	1	1	1
11	x	x	x	x
10	1	1	x	x

(f) f

AB \ CD	00	01	11	10
00	0	0	1	1
01	1	1	0	1
11	x	x	x	x
10	1	1	x	x

(g) g

[그림 7-21] 7-세그먼트 디코더 간략화 카르노도

7-5 멀티플렉서

멀티플렉서(multiplexer)는 여러 입력 중 하나를 선택하여 출력으로 보내는 논리회로로서 디멀티플렉서의 역기능을 수행하는 조합회로이다. 기본적인 멀티플렉서는 여러 개의 입력선과 하나의 출력선을 가지며, 여러 입력을 선택하기 위한 선택선을 갖는다.

멀티플렉서의 블록도는 [그림 7-22]와 같다.

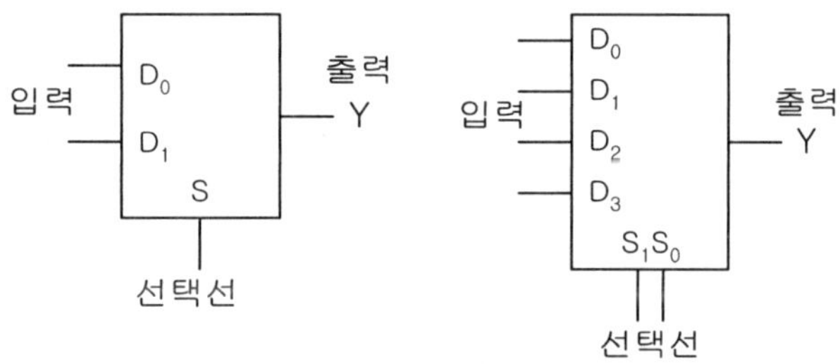

(a) 2입력 멀티플렉서 (b) 4입력 멀티플렉서

[그림 7-22] 멀티플렉서의 블록도

[그림 7-22]에서 입력선이 2^n이면 선택선은 n개가 된다. 입력이 2개이면 2^1이므로 선택선은 1개가 되고, 입력이 4개이면 2^2이므로 선택선은 2개가 되며 입력이 8개이면 2^3이므로 선택선은 3개가 된다. 데이터가 여러 개의 입력선으로부터 선택되기 때문에 데이터 선택기(data selector)라고도 한다.

2×4 디코더에서 4×1 멀티플렉서를 만드는 과정을 살펴보도록 하자.

4×1 멀티플렉서에는 데이터 입력선이 4개, 선택신호 입력선이 2개 있어서 2 비트의 선택신호를 사용하여 4개의 입력 중 하나를 선택할 수 있게 된다. 즉, 선택 입력(S_1S_0)이 00일 때는 D0가 선택되어 D0의 값이 출력(Y)으로 나타나고, 선택 입력(S_1S_0)이 01일 때는 D1이 선택

되어 D1의 값이 출력(Y)으로 나타나며, 선택 입력(S_1S_0)이 10일 때는 D2가 선택되어 D2의 값이 출력(Y)으로 나타난다. 또한 선택 입력(S_1S_0)이 11일 때는 D3가 선택되어 D3의 값이 출력(Y)으로 나타나게 된다. 이와 같은 동작을 진리표로 나타내면 〈표 7-13〉과 같다.

〈표 7-13〉 4입력 멀티플렉서의 진리표

선택 입력		출 력
S_1	S_0	Y
0	0	D0
0	1	D1
1	0	D2
1	1	D3

〈표 7-13〉에 의한 Y출력의 불 함수를 나타내 보면,

$$Y = D0\overline{S1}\,\overline{S0} + D1\overline{S1}S0 + D2S1\overline{S0} + D3S1S0$$

따라서, 불 함수에 의한 논리회로는 [그림 7-23]과 같이 된다.

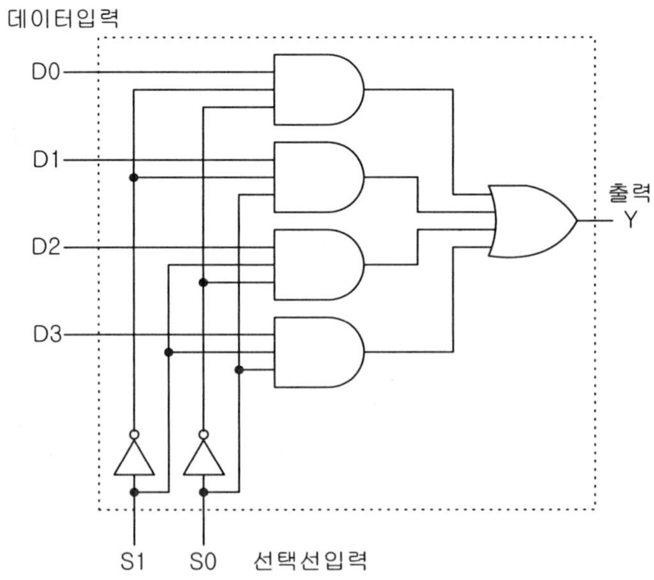

[그림 7-23] 4×1 멀티플렉서 회로

멀티플렉서는 디코더를 포함하므로 불 함수의 조합 논리회로 구현에도 이용할 수 있다. 멀티플렉서의 응용 예로 아래와 같은 3변수 불 함수의 구현을 살펴보자.

$$F(A,B,C) = \sum m(1,3,4,7)$$

우선 불 함수 F에 대해 진리표로 작성하게 되면 〈표 7-14〉와 같다

〈표 7-14〉 불 함수 F의 진리표

10진수	변	수		출 력
	A	B	C	F
0	0	0	0	0
1	0	0	1	1
2	0	1	0	0
3	0	1	1	1
4	1	0	0	1
5	1	0	1	0
6	1	1	0	0
7	1	1	1	1

3변수 불 함수를 구현하고자 할 때는 2개의 선택입력을 가진 4×1 멀티플렉서를 이용한다. 이 불 함수를 구현하는 과정은 [그림 7-24]와 같다. 여기서 2 입력 B, C는 각각 4×1 멀티플렉서의 선택입력 S_1, S_0에 접속되도록 변수 B는 S_1, C는 S_0에 연결해야 한다. 그렇다면 변수 A는 어떻게 되어야 할까?

선택입력 BC가 00이면 입력 I_0가 선택되는데 이때 출력 F는 〈표 7-14〉 진리표에서 알 수 있는 바와 같이 A가 0일 때는 0이고 1일 때는 1이 되고 있으므로 F = A가 된다. 따라서 I_0는 A를 연결하면 된다.

같은 방법으로 선택입력 BC = 01이면 $F = \overline{A}$, BC = 10이면 F = 0, BC = 11이면 F = 1이 된다. 따라서 $I_1 = \overline{A}$, $I_2 = 0$, $I_3 = 1$을 연결하면 된다.

	I_0	I_1	I_2	I_3
$\overline{A}$	0	①	2	③
A	④	5	6	⑦
	A	$\overline{A}$	0	1

(a) 멀티플렉서 구현표

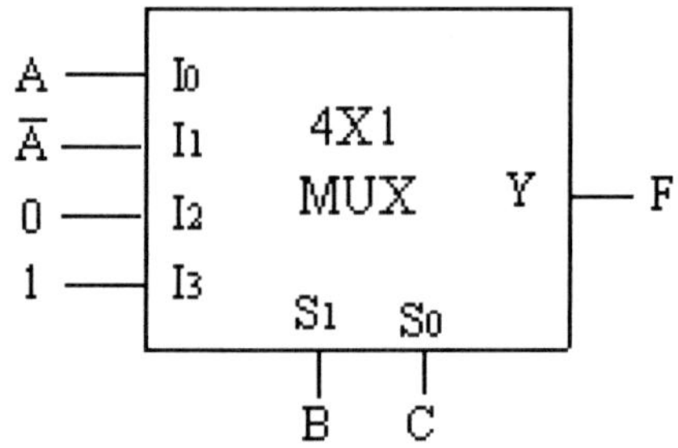

(b) 멀티플렉서의 구현 블록도

[그림 7-24] 멀티플렉서에 의한 불 함수구현

일반적으로 변수 A에 해당하는 데이터 입력값을 쉽게 결정하는 방법으로 (a)의 구현표를 이용한다. 선택입력으로 BC를 할당하면 (a) 구현표에 나타난 순서로 최소항이 표현된다.

함수를 구현표에 나타내는 방법은 함수 F의 출력이 1인 최소항의 번호에 'O'를 표시하고, 출력이 0인 최소항의 번호는 그대로 둔다. 구현표의 마지막 행의 이력을 결정하는 방법은 세로의 두 최소항의 상태를 관찰하여 모두 'O' 표시가 없으면 0으로, 모두 'O' 표시가 있으면 1로, 위에 'O'표시이고 아래에는 없으면 $\overline{A}$, 위에 없고 아래 'O' 표시면 A로 기록한다. 따라서 데이터 입력 I_0, I_1, I_2, I_3에는 각각 A, $\overline{A}$, 0, 1을 연결해야 함을 알 수 있다.

7-6 디멀티플렉서

디멀티플렉서(demultiplexer, DMUX)는 멀티플렉서와 반대의 개념으로서 하나의 입력선으로부터 데이터를 입력하여 2^n개의 출력선 중에서 n비트의 선택신호에 의하여 선택된 하나의 출력선으로 데이터를 내보내는 논리회로를 말하며, 단일 입력 데이터를 다중출력 중 하나로 분배하여 주므로 데이터 분배기(data distributor)라고도 한다. 디멀티플렉서에서 2^n 개의 출력 중에서 하나의 출력을 선택하기 위해서는 최소 n개의 선택선이 필요하게 된다.

디코더를 이용하면 디멀티플렉서를 쉽게 만들 수 있다. [그림 7-25]의 (a)와 (b)는 각각 enable 입력을 가진 2-to-4 디코더와 1×4 디멀티플렉서의 블록도이다.

[그림 7-25]의 (a)와 (b) 두 회로를 살펴보면 회로내부 구성은 똑같다. 단, 각 입력단자와 출력단자의 표시만 틀리게 할당하였을 뿐 'enable 입력을 가진 디코더'와 '디멀티플렉서'는 동일한 회로이다. 즉, 디코더의 AB 입력을 디멀티플렉서의 선택입력으로 이용하고 제어입력 E 단자를 입력 데이터로 이용한 것이다. (b) 1×4 디멀티플렉서 블록도를 구현한 회로도는 (c)와 같다.

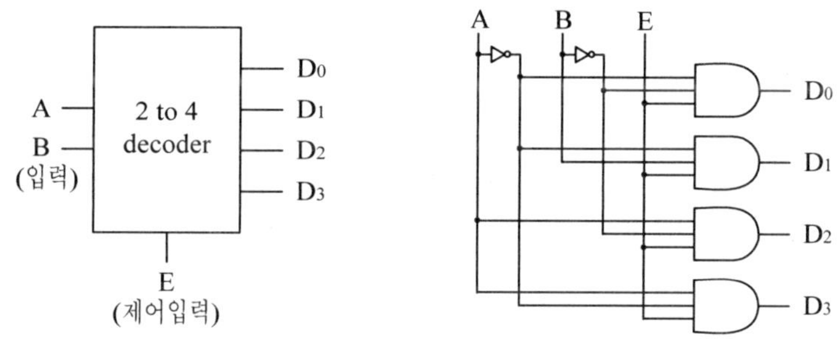

(a) enable입력을 가진 2 to 4 decoder

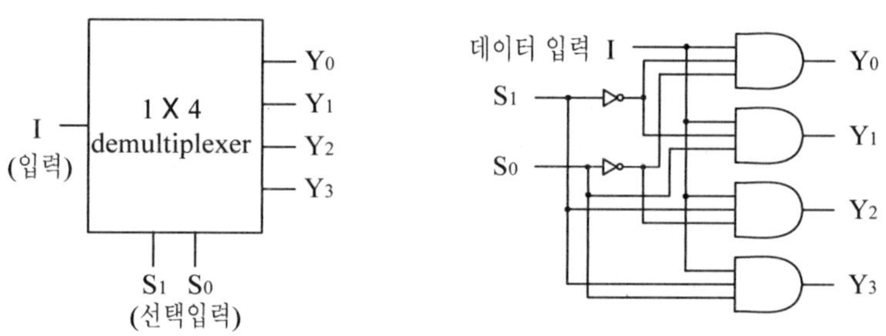

(b) 1 X 4 디멀티플렉서 (c) 1 X 4 디멀티플렉서 회로도

[그림 7-25] enable 입력을 가진 디코더와 디멀티플렉서

연습문제

1. 다음의 조합논리회로를 설명하시오

a) 인코더　　b) 멀티플렉서　　c) 디코더　　d) 디멀티플렉서

2. 디코더의 입력이 3개이면 출력은 몇 개가 되는가?

3. 4×1 멀티플렉서의 선택선은 몇 개인가?

4. 인에이블(enable) 입력을 가진 디코더 회로와 동일하게 사용되는 것은 무엇인가?

5. 1×4 디멀티플렉서 회로를 설계하여라.

6. 아래의 그림 (a), (b)를 이용하여 NAND 또는 NOR 게이트만으로 구성된 2진 비교기를 만들어라.

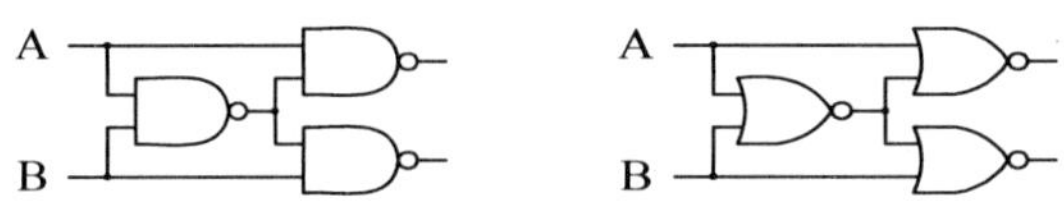

(a)　(b)

7. 다음 불 함수를 멀티플렉서를 사용한 구현표에 의하여 설계하여라.

(a) $F(A,B,C)=\sum(1,3,5,6)$

(b) $F(A,B,C)=\sum(0,1,2,5,7)$

8. 7-세그먼트의 출력 함수를 작성하시오.

9. 2비트 크기 비교기회로를 설계하시오.

제 8 장

플립플롭

디지털 시스템에서는 회로에 기억기능이 없이 단순하게 입력에 따라 출력이 결정되는 조합논리 회로와 조합논리 회로에 기억 기능을 갖는 소자가 추가되어 출력이 입력뿐만 아니라 기억되어 있는 전 상태에 의하여 결정되는 회로인 순서 논리회로가 있다.

순서 논리회로에는 여러 비트의 데이터를 기억하는 레지스터(register), 데이터를 전송하는 레지스터, 계수기(counter), 특별한 순서 논리에 따라 동작하는 회로 등이 있다.

순서 논리회로에 쓰이는 기억소자인 플립플롭(flip-flop)은 멀티바이브레이터(multivibrator)의 일종이며, 멀티 바이브레이터는 두 개의 트랜지스터를 사용하고, 두 트랜지스터의 컬렉터 쪽에서 출력을 얻는 회로이다. 한 쪽의 트랜지스터가 턴온되면 다른 쪽이 턴오프되도록 한 일종의 재생회로(regenerative circuit)이다.

기본적인 멀티바이브레이터 회로에는 무안정 멀티바이브레이터(astable multivibrator), 단안정 멀티바이브레이터(monostable multivibrator), 쌍안정 멀티바이브레이터(bistable multivibrator)의 3가지가 있다. 무안정 멀티 바이브레이터는 어느 한 쪽도 안정상태가 없으며, 펄스 발생이나 동기 분주회로에서 사용되고, 단안정 멀티바이브레이터는 한 쪽만 안정상태로 되어 있으며, 펄스 발생이나 지연회로 · 기억회로에서 사용된다. 쌍안정 멀티바이브레이터는 양쪽 모두 안정된 상태를 갖고 보통 플립플롭이라 부른다.

8-1 RS 플립플롭

RS 플립플롭(flip-flop)은 두 개의 NAND 게이트로 또는 NOR 게이트로 구성할 수 있으며 명칭의 RS는 리셋(reset)과 세트(set)를 나타낸다. 입력은 R과 S로 표시되며 플립플롭의 상태를 결정하는 입력단자이다.

8-1-1 RS 래치

[그림 8-1]은 출력이 입력단으로 교차 연결된 2개의 NOR 게이트로 구성된 비동기식 RS 래치(latch)이며, 두 개의 입력 S(set)와 R(reset)을 가지며, 두 개의 보수출력 Q와 $\overline{Q}$를 가진다.

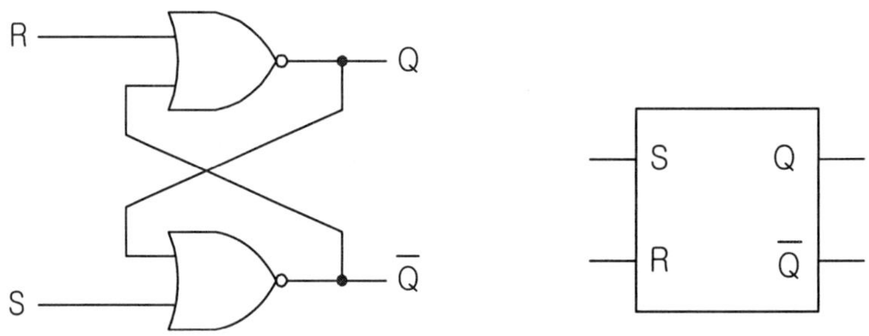

(a) 논리회로 (b) 논리기호

[그림 8-1] NOR 게이트로 구성된 RS 래치

<표 8-1> NOR 게이트 RS 래치의 진리표

입력		출력
R	S	Q
0	0	불변
0	1	세트(Q=1)
1	0	리셋(Q=0)
1	1	부정

〈표 8-1〉에서 R=1, S=0이라면 Q=0, $\overline{Q}$=1이 되어 출력 Q는 0으로 리셋(reset)된다. 그 상태에서 R=0, S=0로 R의 상태만 변화시키면 Q=0의 값이 R입력의 NOR 게이트 입력으로 들어가기 때문에 Q=0, $\overline{Q}$=1로 Q와 $\overline{Q}$의 상태는 그대로 유지된다. 즉, 이전 상태 값을 갖게 된다.

S=1, R=0이라면 Q=1, $\overline{Q}$=0가 되어 출력 Q는 1로 세트(set)된다. 그 상태에서 S=0, R=0로 S의 상태만 변화시키면 Q=1의 값이

S입력의 NOR 게이트 입력으로 들어가기 때문에 Q=1, $\overline{Q}$=0로 Q와 $\overline{Q}$의 상태는 그대로 유지된다. 즉, 이전 상태 값을 갖게 된다. 이와 같이 어떤 상태에서 다른 상태로 변화시켰을 때 이전의 상태값을 그대로 유지하게 되는 플립플롭이다.

또한 S=1, R=1로 인가하면 출력상태는 리셋과 세트를 함께할 수 없으므로 부정의 상태라고 한다. 이와 같이 NOR 게이트로 구성된 RS 플립플롭은 입력의 값을 변화시켜도 출력의 값이 변화가 안 되는 상태가 있기 때문에 특히 래치(latch)라고 한다.

다음은 NAND 게이트로 구성한 RS 래치로서 NAND 게이트에 의한 RS 래치의 동작을 NOR 게이트로서의 동작과 일치하기 위해서는 S입력과 R입력에 인버터를 하나씩 설치하면 된다.

[그림 8-2]는 NAND 게이트로 구성된 기본 RS 래치이다. 또한, NAND 게이트로 구성된 RS 래치의 진리표는 〈표 8-2〉와 같다.

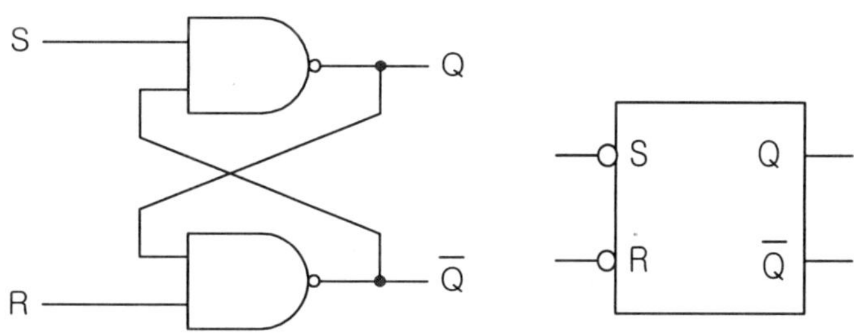

(a) 논리회로 (b) 논리기호

[그림 8-2] NAND 게이트로 구성된 RS 래치

<표 8-2> NAND 게이트 RS 래치의 진리표

입	력	출 력
R	S	Q
0	0	부정
0	1	리셋(Q=0)
1	0	세트(Q=1)
1	1	불변

8-1-2 RS 플립플롭

제어입력을 갖는 RS 래치를 RS 플립플롭(Flip Flop, F/F)이라 한다. 실제로는 제어입력을 클록 신호(clock signal)로 이용하는 동기식 RS 플립플롭을 많이 사용한다. 클록 신호는 클록 펄스(clock pulse)라고 말하기도 하며, CP 또는 CK로 표시한다. 일반적으로 클록의 유무는 플립플롭과 래치의 구분요소가 된다.

동기식 RS 플립플롭의 논리회로 구성은 [그림 8-3]의 (a)와 같으며, 기호는 (b)와 같다.

[그림 8-3(a)]의 논리회로의 동작을 살펴보자. Q_t를 현재 상태값으로, Q_{t+1}를 다음 상태값이라 하고 R과 S의 입력을 주고 클록 펄스를 인가할 때 Q의 상태가 현재 어떤 값에서 다음 어떻게 변화하는가를 〈표 8-3〉의 특성표를 보면서 알아보자.

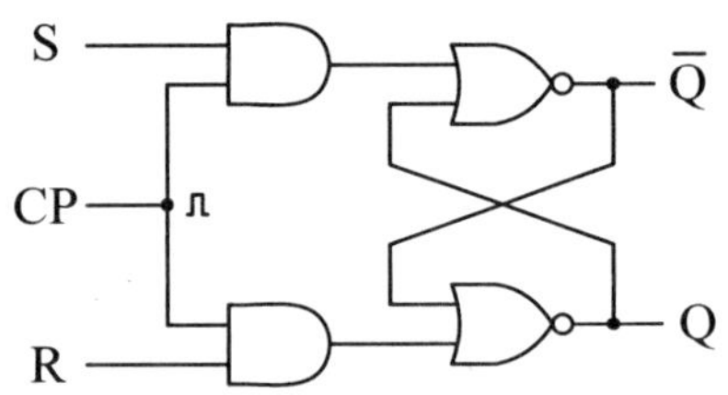

(a) 논리회로

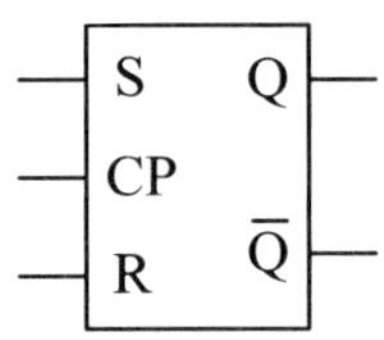

(b) 심벌

[그림 8-3] 동기식 RS 플립플롭

<표 8-3> 동기식 RS 플립플롭의 특성표

현재 상태	입 력		다음 상태
Q_t	S	R	Q_{t+1}
0	0	0	0(불변)
0	0	1	0(리셋)
0	1	0	1(세트)
0	1	1	부정
1	0	0	1(불변)
1	0	1	0(리셋)
1	1	0	1(세트)
1	1	1	부정

① Q_t(현재 상태)가 0인 상태에서 S = R = 0을 입력하고 클록을 주면 Q_{t+1}(다음 상태)은 0으로 되어 다음 상태는 현재 상태를 그대로 유지한다. 또한 Q_t가 1인 상태에서 S = R = 0을 입력하고 클록을 주면 Q_{t+1}은 1로 되어 다음 상태는 현재 상태를 그대로 유지한다. 따라서 S = R = 0을 입력하면 Q출력의 다음 상태는 변하지 않는다.

② Q_t가 0인 상태에서 S = 0, R = 1을 입력하고 클록을 주면 Q_{t+1}은 0으로 되고, Q_t가 1인 상태에서 S = 0, R = 1을 입력하고 클록을 주면 Q_{t+1}은 또한 0으로 된다.

③ Q_t가 0인 상태에서 S = 1, R = 0을 입력하고 클록을 주면 Q_{t+1}은 1로 되고, Q_t가 1인 상태에서 S = 1, R = 0을 입력하고 클록을 주면 Q_{t+1}은 또한 1로 된다.

④ Q_t가 0인 상태에서 S = R = 1을 입력하고 클록을 주면 Q_{t+1}과 $\overline{Q_{t+1}}$가 동시에 0으로 되어 부정확한 상태가 된다. Q_t가 1인 상태에서도 마찬가지로 S = R = 1을 입력하고 클록을 주면 Q_{t+1}과 $\overline{Q_{t+1}}$가 동시에 0으로 되어 부정확한 상태가 된다.

〈표 8-3〉의 동기식 RS 플립플롭의 특성표를, 카르노 맵을 이용하여 동기식 RS 플립플롭의 특성식을 구하면 [그림 8-4]와 같다.

[그림 8-4]에서 'SR = 0'의 의미는 "S와 R이 동시에 '1'이 될 수 없다."는 조건이며, 동기식 RS 플립플롭의 출력은 외부로부터의 R, S 입력과 플립플롭, 자신의 현재 출력에 의해서 결정되는 것을 알 수 있다.

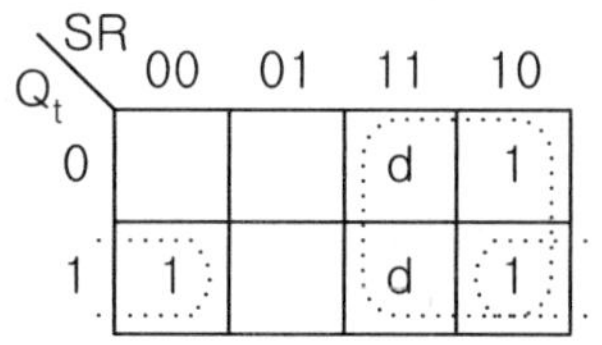

$Q_{t+1} = S + \overline{R}Q_t$

$SR = 0$

(a) 카르노도　　(b) 특성방정식

[그림 8-4] RS 플립플롭의 특성방정식

8-2 JK 플립플롭

JK 플립플롭은 SR 플립플롭의 금지 입력조건인 S = R = 1일 때의 출력을 개선한 것으로 J = K = 1의 조건에서 클록이 인가되면 출력 Q는 반전($Q_{n+1} = \overline{Q_n}$)되고, 그 이외의 입력조건에서는 SR 플립플롭과 같이 동작한다.

SR F/F에 지연(delay) 회로를 추가한 JK 플립플롭의 논리회로는 [그림 8-5]의 (a)와 같으며, (b)는 JK 플립플롭의 심벌이다. (a)에서 알 수 있는 바와 같이 J = K = 1일 때 클록 펄스가 1이면 S = $\overline{Q}$, R = Q가 되어 출력은 반전된다. 출력이 입력으로 궤환되었는 데도 불구하고 클록 펄스가 계속 '1'을 유지하면 출력 Q가 계속 반전하여 문제가 된다. 따라서 클록 펄스의 폭이 출력의 변화가 입력 측으로 궤환되는 시간보다 짧아야 1 클록마다 출력이 한 번씩 반전하게 된다.

그러나, 궤환시간은 일반적으로 30 [ns] 이하이므로 클록 펄스의 정의 펄스폭(positive pulse width)을 30 [ns] 이내로 하기 어려우므로 [그림 8-5 (a)]와 같이 D로 표시된 시간지연 회로를 삽입해야 1클록마다 출력이 한 번씩 반전하게 되어 정상적인 동작을 하게 된다.

〈표 8-4〉는 JK 플립플롭의 진리표이며, 〈표 8-5〉는 JK 플립플롭의 특성표이다.

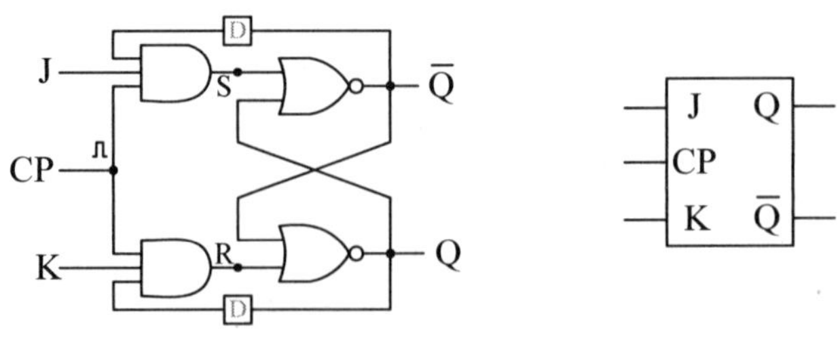

(a) 논리회로 (b) 심벌

[그림 8-5] JK 플립플롭

<표 8-4> JK 플립플롭의 진리표

J	K	Q_{t+1}
0	0	Q_t
0	1	0
1	0	1
1	1	$\overline{Q_t}$

<표 8-5> JK 플립플롭의 특성표

현재상태	입력		다음단계
Q_t	J	K	Q_{t+1}
0	0	0	0
0	0	1	0
0	1	0	1
0	1	1	1
1	0	0	1
1	0	1	0
1	1	0	1
1	1	1	0

〈표 8-5〉의 특성표에 대한 카르노 맵을 이용하여 JK 플립플롭의 특성식을 구하면 [그림 8-6]과 같다.

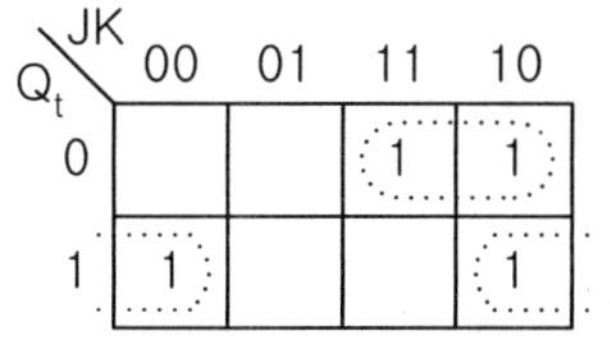

$$Q_{t+1} = J\overline{Q_t} + \overline{K}Q_t$$

(a) 카르노도 (b) 특성방정식

[그림 8-6] JK 플립플롭의 특성방정식

8-3 D 플립플롭

D 플립플롭(flip-flop)은 1비트의 데이터를 전송하는 데 사용되는 플립플롭이다. 즉, 입력의 값이 그대로 출력으로 나타난다. D 플립플롭은 [그림 8-7]과 같다.

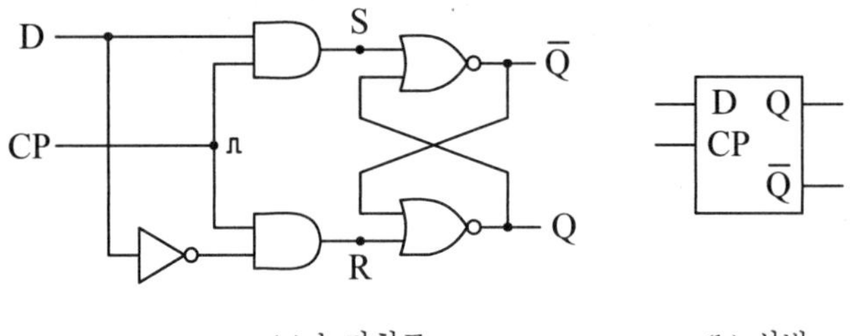

[그림 8-7] D 플립플롭의 논리회로

펄스가 '1'일 때 D 입력이 '1'이면 D 플립플롭의 출력 Q는 '1'로 SET되고, D 입력이 '0'이면 플립플롭의 출력 Q는 '0'으로 RESET된다. 따라서 D에 입력되는 데이터 값을 그대로 출력으로 내보내므로 데이터(data) 플립플롭이라 한다. 또한 D 플립플롭은 D에 입력된 값이 클록이 인가될 때까지 지연시켰다가 클록이 'H'로 된 다음에 그대로 출력에 전달시키므로 지연(delay) 플립플롭이라고도 한다.

<표 8-6> D 플립플롭의 특성표

현재 상태	입 력	다음 상태
Q_t	D	Q_{t+1}
0	0	0
0	1	1
1	0	0
1	1	1

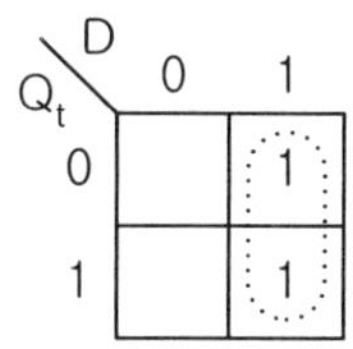

$Q_{t+1} = D$

(a) 카르노도　　　　(b) 특성방정식

[그림 8-8] D 플립플롭의 특성방정식

〈표 8-6〉은 D 플립플롭의 특성표이며, 특성표에 대한 카르노 맵을 이용하여 D 플립플롭의 특성식을 구하면 [그림 8-8]과 같다.

특성식으로부터 D 플립플롭의 다음 출력 Q_{t+1}은 현재의 입력 D와 같음을 알 수 있다.

8-4 마스터-슬레이브 플립플롭

상승 에지에서 동작하는 JK 플립플롭에서는 Q출력이 0인 상태에서 $J=K=1$을 입력한 경우에 클록 펄스가 가해지면 일정한 전파지연 시간 후 출력 $Q=1$이 된다. 그러나 클록 펄스의 지속시간이 전파시간(Δt)보다 커서 계속 1의 상태로 되어 있으면 $J=K=1$, $Q=1$이 되어 플립플롭의 출력은 0과 1을 반복하다가 클록 펄스가 1에서 0으로 떨어질 때 플립플롭의 출력상태가 결정되는 불안정한 상태로 된다.

이러한 불안정한 상태를 레이스(race) 현상이라 하는데, 이러한 현상은 클록 펄스가 1일 때 출력상태가 변화되면 입력 측에 변화를 일으켜 오동작이 발생되는 현상을 말한다. 이러한 불안정한 상태를 없애기 위해서는 플립플롭의 클록 펄스 지속시간을 전파시간(Δt)보다 짧게 하거나 하강 에지 트리거 방식을 사용하면 된다. 또 한 방법으로는 마스터-슬레이브(master-slave) 플립플롭 방식이다.

마스터-슬레이브 플립플롭의 논리회로는 [그림 8-9]와 같다. 이것은 두 개의 플립플롭으로 구성된다. 마스터 플립플롭은 게이트 1에서 게이트 4까지이고, 게이트 5에서 게이트 8은 슬레이브 플립플롭을 이룬다. J와 K 입력에 들어가는 정보는 클록 펄스의 정에지상에서 마스터 플립플롭에 전달되고, 클록 펄스의 부에지가 발생할 때까지 유지되고, 그 후 슬레이브 플립플롭에 전송되는 것을 허용한다.

클록 입력은 정상적으로 0이고 게이트 1과 2의 출력은 1레벨에서 출력을 얻는다. 이것은 J와 K입력이 마스터 플립플롭의 영향받는 것을 막는다. 슬레이브 플립플롭은 마스터 플립플롭이 입력을 공급하고 있고, 게이트 9에 의해 반전된 클록 입력을 갖는다.

클록이 0일 때 게이트 9의 출력은 1이고, 따라서 출력 Q는 Y와 같고, $\overline{Q}$는 $\overline{Y}$와 같다. 클록 펄스의 정에지가 발생할 때 마스터 플립플롭이 영향을 받고 스위치 상태가 된다. 슬레이브 플립플롭은 클록이 1 레벨인 동안 분리된다. 그것은 게이트 9의 출력이 게이트 7과 8의 NAND 기본 플립플롭의 두 입력에 1을 주기 때문이다.

클록 입력이 0으로 되돌아갈 때 마스터 플립플롭은 J와 K입력으로부터 분리되고 슬레이브 플립플롭은 마스터 플립플롭과 같은 상태로 간다.

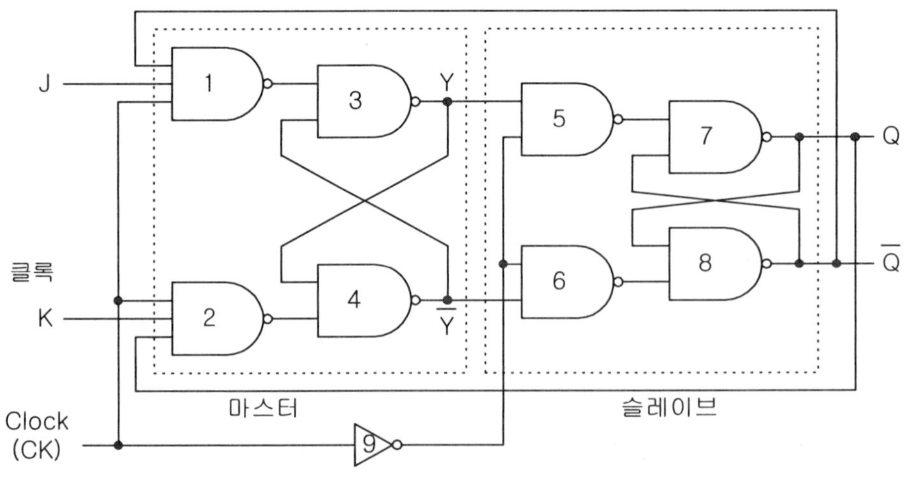

[그림 8-9] 마스터-슬레이브 플립플롭

8-5 T 플립플롭

T 플립플롭은 [그림 8-10]과 같이 JK 플립플롭의 두 입력을 하나로 묶어서 입력 T로 한 플립플롭이다. 따라서 T 플립플롭은 JK 플립플롭의 동작에서 두 입력이 모두 '0'이거나 '1'인 경우에만 이용하는 플립플롭이다. 클록 펄스 입력을 인가할 때마다 출력의 상태가 계속 반전되기 때문에 토글(toggle) 플립플롭이라 한다. T 플립플롭은 JK 플립플롭이나 D 플립플롭, RS 플립플롭으로 다양하게 구성할 수 있다.

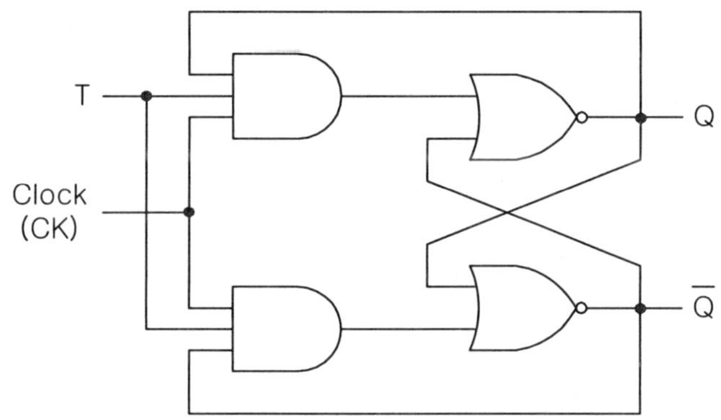

[그림 8-10] T 플립플롭의 논리회로

〈표 8-7〉은 T 플립플롭의 진리표이며, 〈표 8-8〉은 T 플립플롭의 특성표이다.

<표 8-7> T 플립플롭의 진리표

T	Q_{t+1}
0	Q_t (불변)
1	$\overline{Q_t}$ (반전)

〈표 8-8〉 T 플립플롭의 특성표

현재상태	입 력	다음상태
Q_t	T	Q_{t+1}
0	0	0
0	1	1
1	0	1
1	1	0

〈표 8-8〉 특성표에 대한 카르노 맵을 이용하여 T 플립플롭의 특성식을 구하면 [그림 8-11]과 같다.

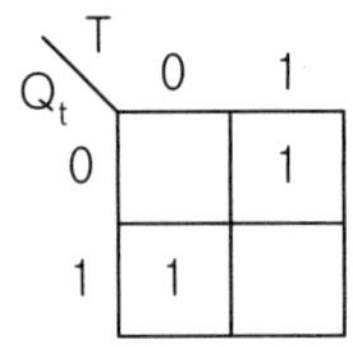

$$Q_{t+1} = T\overline{Q_t} + \overline{T}Q_t$$

(a) 카르노도 (b) 특성방정식

[그림 8-11] T 플립플롭의 특성방정식

[그림 8-12]와 같은 회로에서 클록 펄스에 따라 출력파형을 살펴보고, [그림 8-13]의 타임차트에서 클록 주파수와 Q출력 주파수의 관계를 살펴보면, Q출력 주파수는 클록 주파수의 $\frac{1}{2}$이 되는 것을 알 수 있다. 이와 같은 관계식은 다음과 같다.

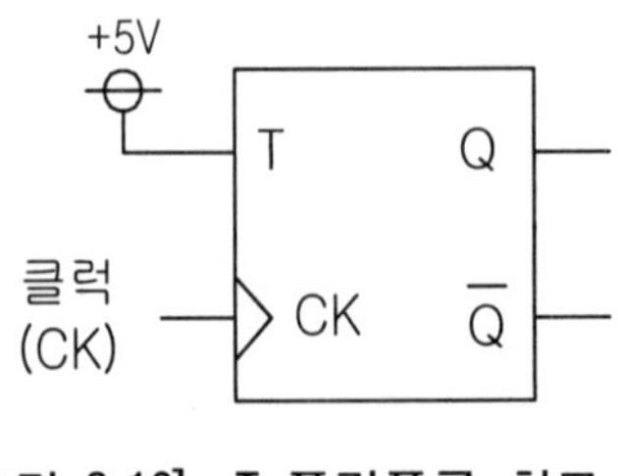

[그림 8-12] T 플립플롭 회로 예

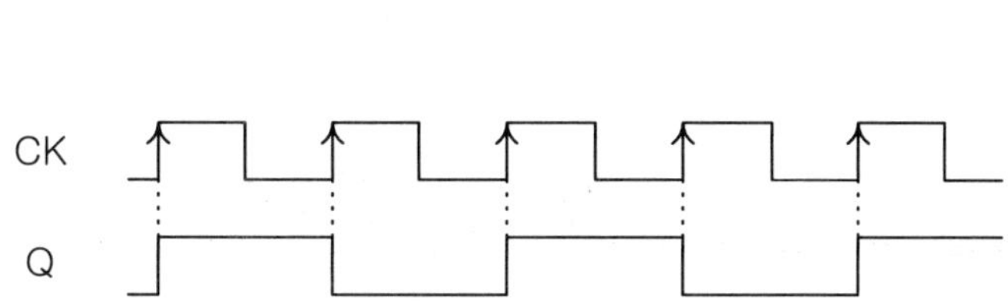

[그림 8-13] 타임차트

$$T_Q = 2\ T_{CK} \qquad \therefore f_Q = \frac{f_{CK}}{2}$$

따라서 T 플립플롭은 주파수 분주기(주파수를 나누는 것)와 같다. 이것은 디지털 계수기와 주파수 제어 등의 응용에서 유용하게 활용된다.

연습문제

1. NOR 게이트로 구성된 RS 래치 회로에서 S=1, R=0를 인가했을 때 Q출력의 상태를 무엇이라 하는가?

2. RS 플립플롭과 RS 래치의 차이점에 대해 설명하시오.

3. 입력 클록 주파수 64[kHz]로부터 1[kHz]의 주파수를 얻기 위해서는 T F/F 몇 개가 필요한가?

4. 마스터-슬레이브 플립플롭은 어떤 현상을 제거하기 위한 플립플롭인가?

5. 마스터-슬레이브 JK 플립플롭에서 Q출력은 클록 입력의 어느 부분에서 동작하게 되는가?

6. 그림에서 (a)는 T 플립플롭, (b)는 D 플립플롭, (c)는 JK 플립플롭이 됨을 설명하시오.

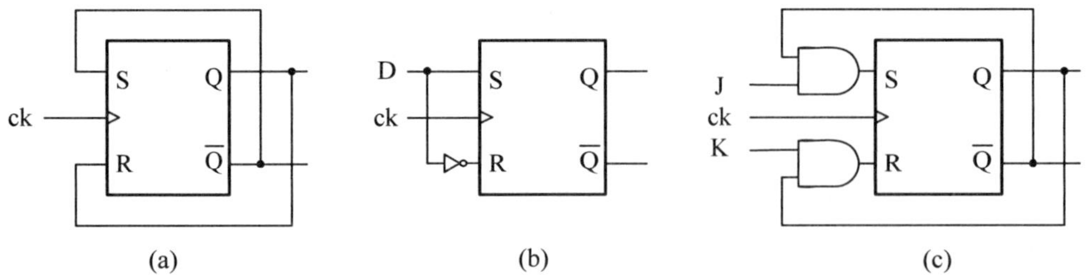

7. 구형파 주파수가 16[kHz]인 파형이 있다. T 플립플롭을 사용하여 이 주파수를 1[kHz]가 되도록 회로를 구성하여라.

8. RS 플립플롭에서 R과 S 입력에 다음과 같은 파형을 인가했을 때 Q출력을 그려 보시오.

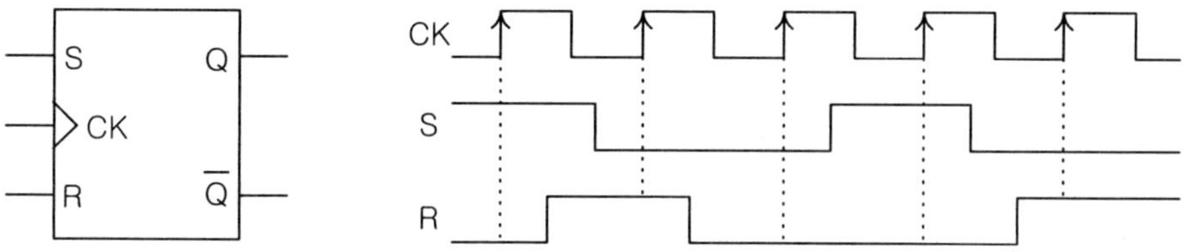

9. RS 플립플롭과 JK 플립플롭의 차이점은 무엇인가?

10. 입력에 인가한 값과 Q출력의 값이 동일한 플립플롭은 무엇인가?

제 9 장

D/A 와 A/D 변환기

- 9-1 D/A 변환기
- 9-2 A/D 변환기
- 9-3 A/D 변환기의 특성

디지털 시스템에서는 모든 신호들이 디지털 신호로 동작된다. 입력신호도 디지털 신호로 입력되어야 시스템에서 처리할 수 있으며, 시스템에서 출력되는 신호 또한 디지털 신호로 출력된다. 따라서 아날로그 기기나 아날로그 시스템에서 디지털 시스템으로 신호를 입력시키기 위해서는 신호체계를 디지털 신호로 변환시켜야 한다.

그리고 아날로그 기기를 구동시키기 위해서는 디지털 시스템에서 처리되어 출력되는 디지털 신호를 아날로그 신호로 바꾸어주어야 한다. 이때 사용되는 것이 디지털-아날로그(D/A)변환기와 아날로그-디지털(A/D) 변환기이다. 디지털 장치나 컴퓨터를 사용하여 기계 또는 시스템을 동작시키고 그것을 처리하고자 하는 경우 D/A 및 A/D 변환기의 도움이 없이는 안 된다.

따라서 이장에서는 D/A 및 A/D 변환기의 각종 방식과 특성에 대해서 알아보기로 한다.

9-1 D/A 변환기

D/A 변환기(digital-to-analog converter)는 2진 디지털 신호를 전압·전류·변위·압력·온도 등의 아날로그 신호로 변환하는 장치이다. D/A 변환기를 거쳐 발생된 아날로그 값으로 아날로그 기기를 구동하게 된다. 이렇게 발생된 아날로그 값도 D/A 변환기의 종류에 따라서 전류출력, 전압출력 등 다양하다.

9-1-1 가중치 저항회로망을 이용한 D/A 변환기

일반적으로 D/A 변환기들은 IC로 출하되고 있기 때문에 각 IC의 내부회로까지 자세히 알 필요는 없지만 D/A 변환기의 성능을 효율적으로 사용하기 위해서 기본적인 구조는 이해하고 있어야 한다.

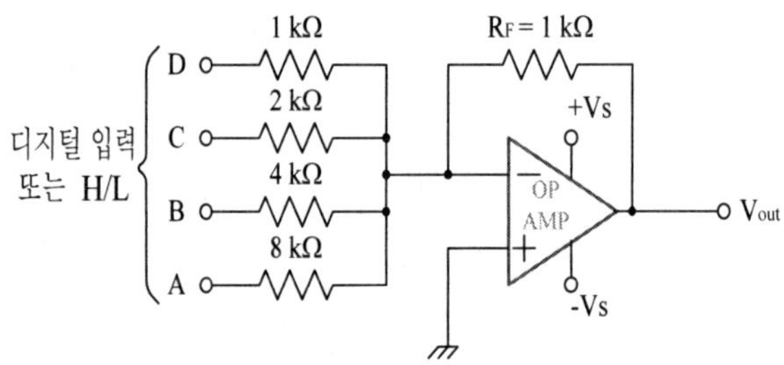

(a)

D C B A	V_{out}(volts)	
0 0 0 0	0	← LSB
0 0 0 1	-0.625	
0 0 1 0	-1.250	
0 0 1 1	-1.875	
0 1 0 0	-2.500	
0 1 0 1	-3.125	
0 1 1 0	-3.750	
0 1 1 1	-4.375	
1 0 0 0	-5.000	
1 0 0 1	-5.625	
1 0 1 0	-6.250	
1 0 1 1	-6.875	
1 1 0 0	-7.500	
1 1 0 1	-8.125	
1 1 1 0	-8.750	
1 1 1 1	-9.375	← MSB

(b)

[그림 9-1] 가산 연산증폭기를 사용하는 기본형 D/A 변환기

[그림 9-1 (a)]는 웨이티드(weighted) 저항을 갖는 4 비트 D/A 변환기의 기본회로를 보여주고 있다.

A, B, C, D는 0 [V]('L')와 5 [V]('H')의 값을 갖는 2진 디지털 입력이고, 연산증폭기는 이들 입력전압의 자릿값 합을 구하기 위한 가산증폭기로 이용되고 있다.

이 회로에서 각 저항은 표기되어 있는 대로 $R_F = 1[k\Omega]$이고, 입력저항은 $1[k\Omega]$에서 $8[k\Omega]$이다. 또한 MSB 입력저항을 기준으로 다음 비트의 입력저항들은 순차적으로 2배씩 증가하고 있고 요구하는 전압출력의 자릿값은 이 가중치 저항값들에 의해서 얻게 된다.

전압증폭도가 $-R_F / R_{in}$이므로 D 입력은 저항의 비가 1이므로 가산증폭기는 감쇄 없이 출력전압으로 나타나고, C 입력은 $R_{IN} = 2[k\Omega]$이므로 1/2로 감쇄되고, B 입력은 1/4의 감쇄를 가지며, A 입력은 1/8 감쇄를 가진다. 그러므로, 가산증폭기의 출력은 입력저항 R_{IN}과 궤환저항 R_F의 비와 각 입력전압이 곱해진 후 합한 다음 식으로 표현할 수 있다.

$$V_{OUT} = -\left(V_D + \frac{1}{2}V_C + \frac{1}{4}V_B + \frac{1}{8}V_A\right)[V]$$

여기서, −부호는 가산증폭기의 반전입력에 입력이 가해짐을 뜻한다.

가산증폭기 출력은 [그림 9-1 (b)]에 보여준 것처럼 아날로그 전압이다. 이 표는 모든 가능한 입력조건과 출력전압을 나타내고 있다. 예를 들어, 만약 디지털 입력이 1010이면,

$$V_{OUT} = -\left(5V + 0V + \frac{1}{4} \times 5V + 0V\right) = -6.250[V]$$

가 된다.

[그림 9-1 (b)]로부터 변환계수(convertion factor) $CF = 9.375 \times \frac{1}{2^4 - 1}$ 로부터 0.625[V/unit] 임을 알 수 있다.

따라서 $CF = V_{FS} \times \frac{1}{2^n - 1}$ 이 된다. 여기서 V_{FS} 는 최대 출력전압, n은 디지털 입력 비트수이다.

D/A 변환기의 분해능은 $\frac{1}{8} \times 5[V] = 0.625[V]$ 로서, LSB의 자릿값과 같으므로 표에 보여준 바와 같이 한 단계씩 입력 코드를 증가시키면 아날로그 출력은 0.625[V]씩 증가한다.

따라서 $CF = \frac{R_F}{R_{IN(LSB)}} \times V_{REF}$ 로도 구할 수 있다.

여기서 $R_{IN(LSB)} = RA$ 에 해당이 되며 기준전압 $V_{REF} = 5[V]$ 이다.

살펴본 바와 같이 2진 가중치 저항에 의한 D/A 변환기에서의 저항값은 1비트에 대해서 2배씩 변화하므로 비트수가 증가하면 MSB와 LSB의 저항값의 폭은 매우 커진다. 실제에 있어서 넓은 범위에 걸쳐서 저항의 비를 얻기는 매우 어렵다. 따라서 입력 비트가 8비트 이내에서만 가능하다.

가산연산 증폭기를 이용한 전류구동형의 가중치 회로망 D/A 변환기의 일반적인 구성은 [그림 9-2]와 같다.

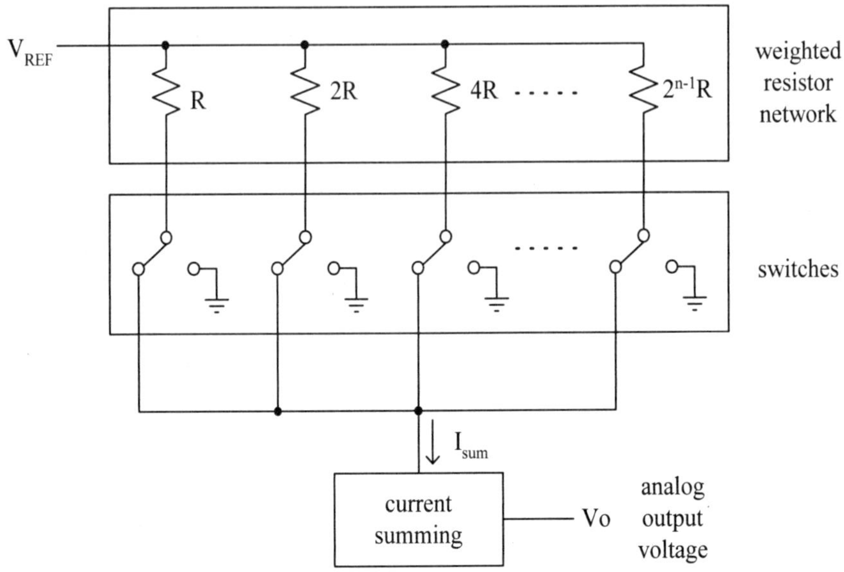

[그림 9-2] 가중치 저항회로망을 사용한 D/A 변환기

9-1-2 R-2R 래더형 D/A 변환기

가중치 저항회로망을 이용한 D/A 변환기의 경우 저항값의 폭이 너무 커서 실현 곤란한 문제점을 해결하기 위해서는 [그림 9-3]과 같은 사다리형(ladder) D/A 변환기를 사용하면 된다. R, 2R 저항회로망으로 되어 있으므로 R-2R D/A 변환기라고도 부른다. 저항의 연결상태가 사다리 모양으로 되어 있어서 상위 비트(MSB)에서 하위 비트(LSB)로 본 합성저항값이 어느 곳에서나 2R이 되게 한 회로로서 출력단자에 나타나는 각 비트의 전압의 웨이트가 1, 2, 4, 8이 되게 구성되어 있다.

가장 광범위하게 사용되는 D/A 변환기 회로 중의 하나가 [그림 9-3]에 보여준 저항값이 단지 1 : 2의 비율만으로 된 R-2R 사다리(ladder) 회로이다. 이 회로에서 저항 R과 저항 2R만이 사다리 모양으로 배열되어 사용되고 있으며, 입력 데이터는 네 개의 스위치를 제어한다. 따라서, 4단 사다리형 회로망의 출력전압 V_{OUT}은 다음 식으로 구할 수 있다.

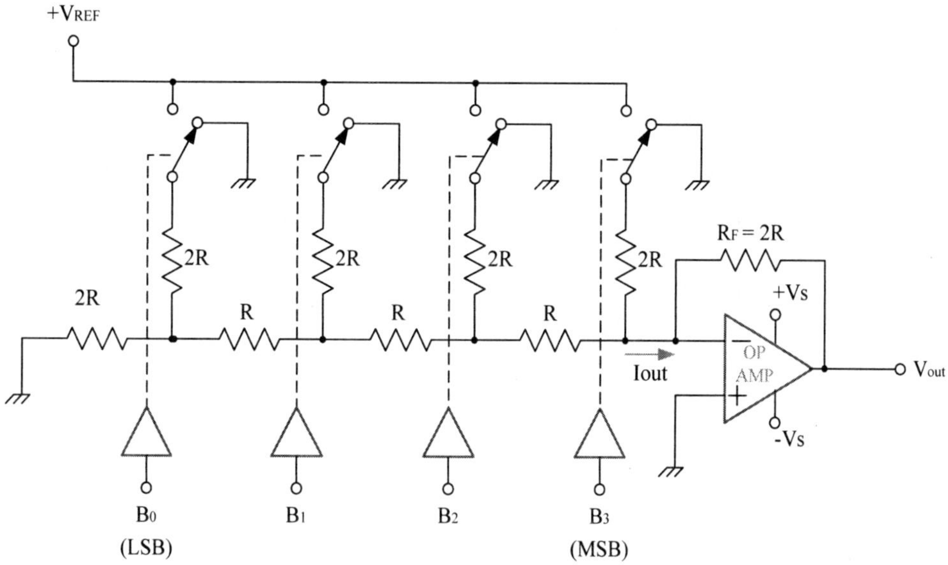

[그림 9-3] R-2R 래더형 D/A 변환기

$$V_{OUT} = \frac{V_{REF}}{2^4} \times B$$

여기서 B는 0(0000)에서 15(1111)까지의 2진 입력값이다.

$V_{REF} = 16[V]$로 하였을 때 2진 입력값과 출력전압의 관계는 〈표 9-1〉과 같다.

4비트 D/A 변환기의 분해능은 $V_{FS} \times \frac{1}{2^n - 1}$, 또는 $V_{REF} \times \frac{1}{2^n}$로부터 1[V]가 된다.

여기서 n은 디지털 신호의 비트수를 뜻한다.

9비트 D/A 변환기의 경우 분해능은 $\frac{1}{2^9}$로서 약 0.2% 정도가 된다.

<표 9-1> 2진 입력값과 출력전압의 관계

10진수 값	디지털 입력				출력전압
	B_3	B_2	B_1	B_0	V_0[V]
0	0	0	0	0	0
1	0	0	0	1	1
2	0	0	1	0	2
3	0	0	1	1	3
4	0	1	0	0	4
5	0	1	0	1	5
6	0	1	1	0	6
7	0	1	1	1	7
8	1	0	0	0	8
9	1	0	0	1	9
10	1	0	1	0	10
11	1	0	1	1	11
12	1	1	0	0	12
13	1	1	0	1	13
14	1	1	1	0	14
15	1	1	1	1	15

9-1-3 D/A 변환기의 특성

D/A 변환기는 종류에 따라서 특성이 각각 다르다. 이러한 특성이 D/A 변환기를 선택하는 판단기준이 되는데 분해능, 변환시간, 직선성 등의 특성에 맞추어 D/A 변환기를 선택하여야 할 것이다.

(1) 분해능

분해능(resolution)이란 디지털 입력 값을 한 스텝 바꾸었을 때 출력전압이 얼마만큼 변화하는가를 말한다. 이러한 변화는 디지털 입력이 몇 비트인지에 따라서 결정되기 때문에 디지털 입력의 비트 수로도 분해능을 표현하기도 한다.

아날로그 출력전압의 값이 얼마만큼의 폭을 갖고 변할 수 있는가를 표현하는 것이 분해능이기 때문에 분해능이 높을수록 정밀도가 높고

가격이 비싸게 된다. 분해능은 전체 전압(FS : Full Scale)이 1비트 변화할 때의 변화량이므로

$$분해능 = \frac{FS}{2^n - 1}$$

이 된다. 또한 백분율 분해능(percent resolution)은

$$백분율\ 분해능 = \frac{1}{2^n - 1} \times 100\%$$

이 되고, 백분율 분해능이 작은 것일수록 좋다.

예를 들어 최대전압(FS)=10[V]이고 8비트 D/A 변환기를 사용했을 때

$$분해능 = \frac{10[V]}{2^8 - 1} = 0.039[V]$$

이 되며, 백분율 분해능은 다음과 같다.

$$백분율\ 분해능 = \frac{1}{2^8 - 1} \times 100 = 0.39\%$$

(2) 변환시간

변환시간(conversion time)은 D/A 변환을 할 때 걸리는 시간을 말한다. 디지털 입력이 변화를 하게 되면 아날로그 출력의 값이 다음 값으로 변화할 때 전압이 안정될 때까지 시간이 걸리게 된다. 이 시간을 세틀링 시간(settling time)이라 하는데 변환시간을 세틀링 시간이라고도 한다. 변환시간은 전류출력형이 전압출력형보다는 속도가 훨씬 빠르다.

(3) 직선성

직선성(linearity)은 디지털 입력이 LSB 1자리 증가하거나 감소했을 때 아날로그 출력이 이상적인 값으로부터 얼마만큼의 오차가 발생하는지를 나타낸 값이다.

9-2 A/D 변환기

A/D 변환기(analog-to-digital converter)는 아날로그 값을 디지털 값으로 변환하는 것이다. 디지털 신호를 사용하는 디지털 시스템에 온도·습도·길이 등의 연속된 아날로그 신호를 직접 접속할 수 없다. 따라서 디지털 시스템에서 사용할 수 있도록 아날로그 신호를 디지털 신호로 변환시켜야 한다.

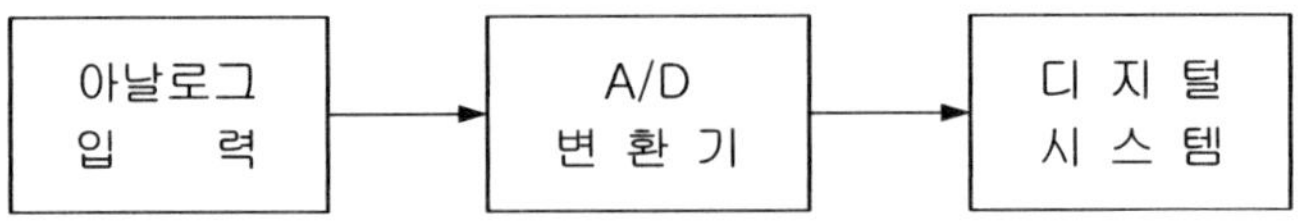

[그림 9-4] A/D 변환기의 사용

9-2-1 계수비교형 A/D 변환기

계수비교형 A/D 변환기는 아날로그 입력의 전압과 D/A 변환기의 출력전압을 항상 비교하는 방식이다. 계수비교형 A/D 변환기는 [그림 9-5]와 같다.

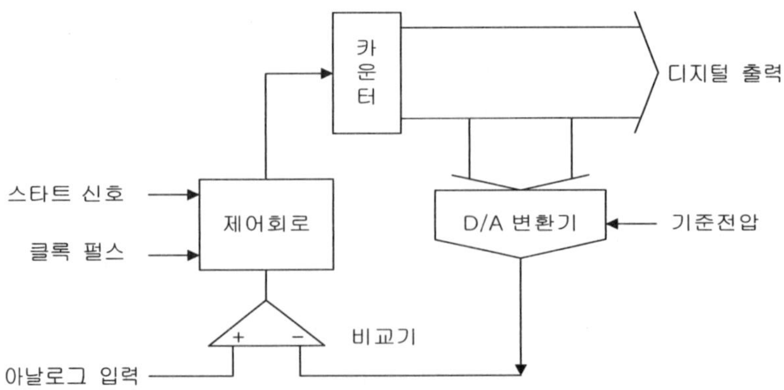

[그림 9-5] 계수비교형 A/D 변환기

계수비교형 A/D 변환기는 카운터를 1씩 증가시켜 가며, 그때마다 아날로그 입력전압과 D/A 변환기의 출력전압을 비교한다. 이때 변환속도가 늦어진다는 단점이 있게 된다. 비교기에서 아날로그 입력전압이 높으며, 카운터로 보내는 펄스 수가 많아지고, 카운터 출력이 곧 디지털 출력이 되는 것이다.

계수비교형 A/D 변환기는 변환속도가 늦고, 입력전압에 의해서 변환시간이 바뀌게 되고 일정하지 않다는 단점을 갖고 있지만 회로가 간단하고 정밀도가 매우 높다는 장점을 갖고 있다.

9-2-2 램프형 A/D 변환기

[그림 9-6]은 램프(ramp)형 A/D 변환기이다.

단일 기울기 A/D 변환기로 여기서는 D/A 변환기가 필요 없다. 아날로그 입력신호는 램프 발생기의 출력과 전압비교기에 의하여 비교된다.

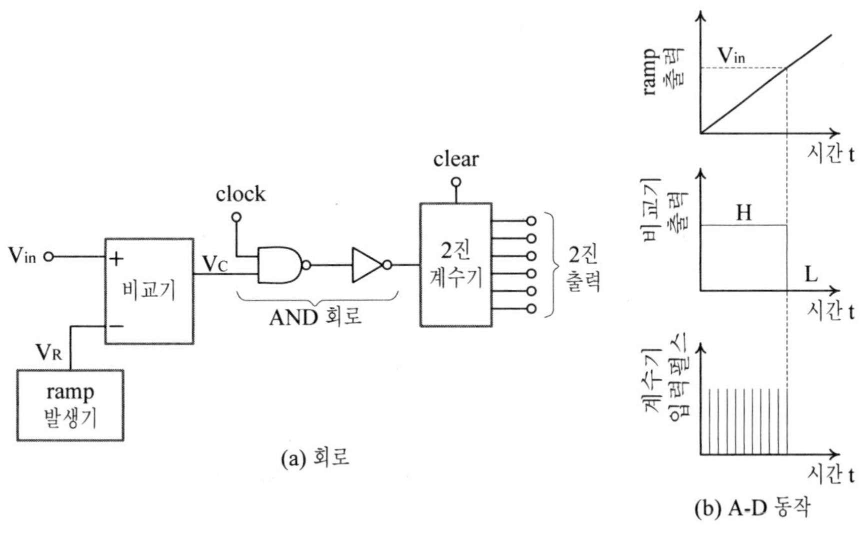

[그림 9-6] 램프형 A/D 변환기

먼저, 계수기를 clear시켜 '0'으로 하고, V_{in}에는 아날로그 입력을 넣고 램프 발생기의 동작과 동시에 클록 펄스를 가하면 비교기는 아날로그 입력 V_{in}과 램프 발생기 출력 V_R을 비교하여 $V_{in} > V_R$일 때는 V_C를 'H'로 하여 클록 펄스가 2진 계수기에 전달된다.

램프 발생기의 출력 V_R은 시간 t에 따라 증가하여 $V_{in} < V_R$이 되면 V_C는 'L' 출력을 내고 따라서 AND 회로 출력은 'L'로 되어 카운트 동작을 정지한다.

램프형 A/D 변환기는 비교적 간단하나, 램프 파형의 직선성과 클록의 안정도에 따라 정밀도가 결정되며, 램프 파형이 최대치에 가까워짐에 따라 그 기울기가 낮아지는 경우 정밀도는 낮아지게 된다.

9-2-3 축차 A/D변환기

아날로그 입력신호가 크게 변동하는 경우 Up/Down 카운터는 V_{in}에 상당한 디지털 출력으로 접근하는 데 시간이 걸리게 된다.

[그림 9-7]은 접근시간을 단축하는 연속접근형 A/D 변환기(successive approximation A/D converter)이다.

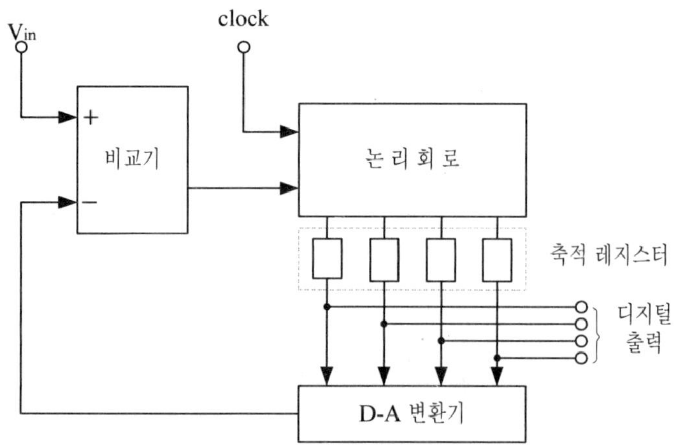

[그림 9-7] 축차비교형 A/D 변환기

A/D 변환기는 n비트의 출력을 만드는 데 n개의 클록 주기가 필요하며, 입력에 관계없이 변환시간이 짧고 일정하기 때문에 가장 많이 쓰인다.

쉽게 설명하기 위하여 입력전압이 0～15 [V] 범위이고, 4 비트의 계수기로 디지털 출력은 0～15까지를 표시하며, 그리하여 '1'이 1 [V]에 대한 디지털 출력이라 하자.

아날로그 입력 V_{in}이 11 [V]라 할 때 디지털 출력의 접근동작을 알아본다.

첫 번째 클록 펄스에 의하여 논리회로는 축적 레지스터의 첫 번째 MSB를 1로 세트시킨다. 즉, 디지털 출력은 1000이 되고 D/A 변환기의 출력은 8 [V]가 된다. 이것은 비교기에서 비교되어 $V_{in} = 11[V] > 8[V]$이므로 그 출력을 H로 유지(keep)한다.

이 'H' 신호와 클록 펄스에 의하여 논리회로(logic block)는 축적 레지스터(storage register)의 두 번째 MSB를 '1'로 세트시킨다. 즉, 디지털 출력은 1100이 되고, D/A 변환기의 출력은 12 [V]가 된다.

아날로그 입력신호 11 [V]는 12 [V]보다 작기 때문에 비교기의 출력은 L이 된다. 이 L 출력과 다음 클록 펄스는 앞서의 두 번째 MSB의 '1'을 '0'으로 리셋(reset)시키고, 세 번째 비트를 '1'로 세트시킨다. 그러면 디지털 출력은 1010이 되고 이것은 10 [V]를 의미한다.

아날로그 입력신호 11 [V]는 10 [V]보다 크기 때문에 논리회로는 세 번째 비트를 그대로 '1'로 유지(keep)시키면서 LSB를 '1'로 세트시킨다. 그러면 디지털 출력은 1011이 되고 D/A 변환기의 출력이 11 [V]가 되므로 동작은 끝난다.

그러므로 4비트 변환기의 입력의 변화에 대한 출력의 적응은 4개의 클록 펄스 주기 이내에 이루어진다.

매 클록 펄스마다 입력전압이 비교전압보다 크면 유지하고 작으면 리셋(reset)하는 이런 동작을 위한 논리회로의 설계는 복잡하다. 이것은 4개의 F/F을 갖고 1개의 입력이 있는 순서 논리회로의 설계가 될 것이다.

9-2-4 병렬비교형 A/D변환기

병렬비교형 A/D 변환기(parallel A/D converter)는 [그림 9-8]과 같다.

병렬비교형 A/D 변환기는 아날로그 입력전압과 기준전압을 분압시킨 전압을 계속 비교해 나가는 방식이다. 이렇게 비교하면서 가장 가까운 비교전압을 찾아 인코더의 입력으로 가해지고 인코더의 출력이 바로 디지털 출력이 되도록 하였다.

병렬비교형 A/D 변환기는 변환시간이 아주 고속이라는 것이 장점으로 영상신호를 처리하는 장비에서 많이 사용하게 된다. 그러나 정밀도를 높이기 위해 분해능을 높이려면 회로가 복잡해져 가격이 높아지게 된다.

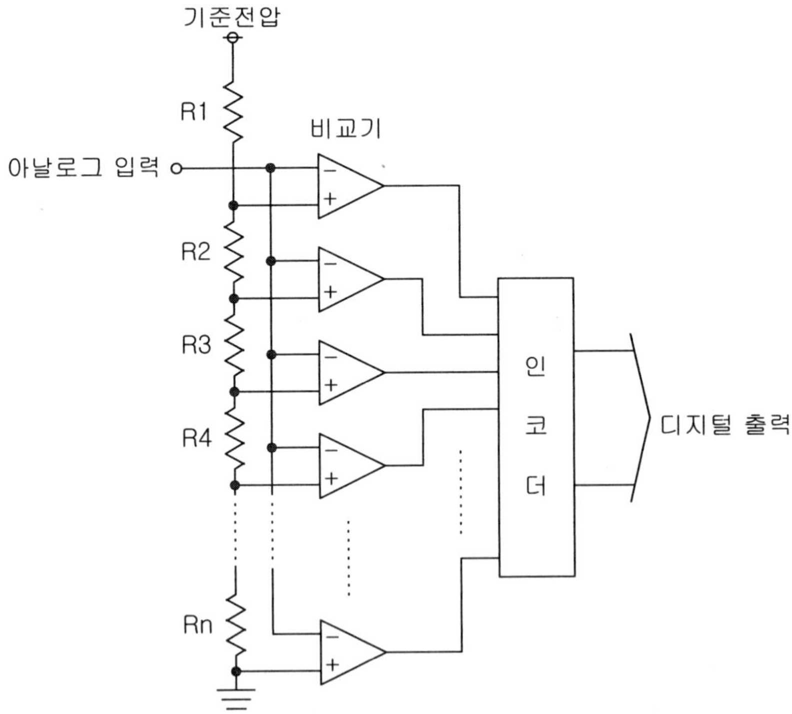

[그림 9-8] 병렬비교형 A/D 변환기

9-2-5 이중적분형 A/D 변환기

이중적분형 A/D 변환기는 [그림 9-9]와 같다.

이중적분형 A/D 변환기는 아날로그 입력전압을 일정시간(t_1) 동안 적분하고, 카운터를 초기화시켜 다시 기준전압을 적분기 출력이 0이 될 때까지 적분한 후 그 시간(t_2)을 측정하고 입력전압을 구하면 '입력전압 $= \frac{t_2}{t_1} \cdot$ 기준전압'이 된다.

이중적분형 A/D 변환기는 아날로그 입력의 잡음에 대해 강한 장점을 갖지만 적분시간이 2번 발생하기 때문에 변환시간이 늦다는 것이 단점이다. 따라서 이중적분형 A/D 변환기는 디지털 전압계 등에 응용된다.

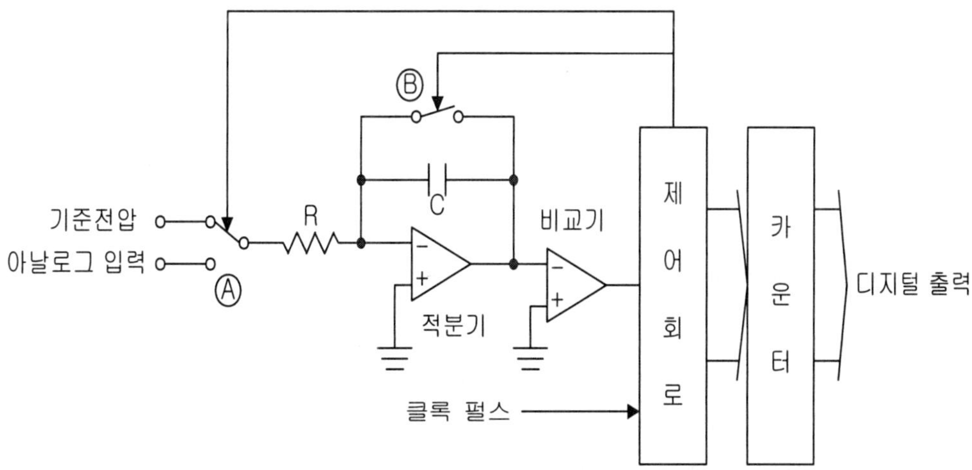

[그림 9-9] 이중적분형 A/D 변환기

9-3 A/D 변환기의 특성

A/D 변환기는 종류에 따라서 서로 다른 특성을 갖고 있다. A/D 변환기의 특성은 분해능, 변환시간 등이 있다.

(1) 분해능

분해능(resolution)이란 디지털 출력값이 한 등급 변화되기 위한 아날로그 입력의 최소변화이다. 분해능은 아날로그 신호를 어느 정도 세밀하게 분해할 수 있는가를 나타내는데 일반적으로 비트 수로 표현되고, 2비트, 4비트, 6비트, 8비트, 10비트, 12비트, 24비트 등 여러 종류가 있다.

이 비트 수에 따라 디지털 출력은 $0 \sim 2^n - 1$이 되며, 아날로그 입력의 크기로 분해능을 표시하면 $\frac{FS(\text{FullScale})}{2^n}$[V]로 되고, 전체 전압에 대한 비율로 나타내면 $\frac{1}{2^n}$이 된다.

(2) 변환시간

변환시간(conversion time)은 A/D 변환을 할 때 걸리는 시간을 말하고, 초당 샘플링 속도로 나타내기도 한다.

변환시간은 A/D 변환기의 성능을 좌우하는 중요한 척도가 된다. 일반적으로 병렬비교형 A/D 변환기의 변환시간이 빠르고, 계수비교형, 이중적분형의 순으로 된다.

연습문제

1. 10비트의 연속접근형 A/D 변환기에서 1[MHz]의 clock 펄스를 쓸 때의 변환시간을 구하여라.

2. D/A 변환기의 구성요소는 무엇인가?

3. R-2R의 사다리형 D/A 변환기를 8비트로 확장했을 때 스위치 제어입력=10110111에 대응하는 출력전압 V_o를 구하여라.

4. D/A 변환기에서 백분율 분해능을 나타내보면?

5. A/D 변환기 중 변환시간이 가장 짧은 것은 무엇인가?

6. A/D 변환기 중 가장 일반적으로 사용되고 있는 것으로 변환속도가 빠르며, 입력전압의 값에 의해서 변환속도가 영향을 받지 않고 정밀도가 높은 것이 장점인 것은 무엇인가?

7. A/D 변환기에서 변환시간은 무엇을 나타내는가?

8. 저항회로망 D/A 변환기가 이용하고 있는 원리는 무엇인가?

9. D/A 변환기에서 분해능이란 무엇을 나타내는가?

제 **10** 장

반도체 메모리와 레지스터

디지털 시스템에서는 메모리는 중요한 부분이다. 기본적인 데이터를 저장하고 다시 사용할 수 있도록 보관하기 위한 장소이기 때문이다. 일반적으로 제어목적으로 사용되는 마이크로프로세서 시스템 및 컴퓨터 시스템 등에서 메모리는 필수적으로 사용된다.

데이터는 'WRITE'라는 처리에 의해 메모리 내에 저장되고, 'READ'라는 처리에 의해 메모리로부터 검색된다. 메모리는 데이터가 저장될 수 있는 저장장소(storage location)들로 구성된다. 각 저장장소는 주소에 의해 식별되고, 저장장소의 수는 메모리에 따라 몇 개에서 수십만 개까지 다양하다. 각 저장장소는 하나 이상의 비트로 이루어질 수 있다.

일반적으로, 메모리에 저장될 수 있는 총 비트 수를 용량(capacity)이라 한다. 때때로 그 용량은 바이트 형태로 정의된다. 데이터의 한 비트를 저장하는 각각의 저장요소(storage element)는 반도체 메모리에서 플립플롭이나 커패시터, 그리고 자기 메모리(magnetic storage)의 자기영역(magnetic domain)으로 구성된다.

그리고, 반도체 메모리는 기능, 특성, 기억특성에 따라서 여러 종류로 나누어질 수 있는데 기능에 따라서 분류를 하면 크게 불휘발성(non-volatile) 메모리인 ROM과 휘발성(volatile) 메모리인 RAM으로 나누어진다.

또한 ROM은 Mask ROM, PROM, EPROM, EEPROM으로 나누어지며, RAM은 SRAM과 DRAM으로 나누어진다.

디지털 시스템에서 또 하나 중요한 부분이 있는데 수치나 명령(instruction) 등의 정보데이터 처리를 할 때는 데이터를 기억시키거나 데이터를 이동시킬 필요가 있다. 이와 같이 데이터를 기억시키는 일시 저장장소를 일종의 고속 기억장치로서 레지스터라 한다.

데이터를 좌측방향으로 이동시키거나 우측방향으로 이동시키는 레지스터를 시프트 레지스터라고 하며, 시프트 레지스터는 데이터 이동방향에 따라 우향 시프트 레지스터, 좌향 시프트 레지스터, 양방향 시프트 레지스터로 나누어지며, 데이터 입력과 출력의 형식에 따라 직렬입력-직렬출력형(SISO : Serial Input-Serial Output), 직렬입력-병렬출력형(SIPO : Serial Input-Parallel Output), 병렬입력-직렬출력형(PISO :

Parallel Input-Serial Output), 병렬입력-병렬출력형(PIPO : Parallel Input-Parallel Output) 등으로 나누어진다. 이와 같이 여러 종류의 레지스터가 디지털 시스템에 사용되고 있다.

10-1 ROM

ROM은 판독전용의 메모리로서 기억되어 있는 내용이 영구히 지워지지 않으므로 일반적으로 데이터를 변경시키지 않고 반복해서 사용할 필요가 있는 용도에 이용되고 있다.

ROM의 주요용도는 마이크로프로그램, 코드 변환기, 문자발생기(character generator) 등에 이용되고 있다. 컴퓨터의 모니터에 문자를 표시하려면 컴퓨터는 각종 문자와 특수기호 등을 표시하는 방법을 모니터에 지시할 수 있는 기능을 갖춘 문자발생기가 필요하다.

ROM은 전원을 제거한 후에도 기억되어 있는 정보가 지워지지 않고 그대로 유지되기 때문에 비휘발성(nonvolatile) 메모리라고도 부른다. 메모리에 내용을 기입하려면 롬 라이터(ROM writer)라는 장비를 사용해야 되며, 메모리의 내용을 소거하려면 EPROM일 경우 이레이저(eraser)라는 장비를 사용해야 한다. ROM의 내부구조는 [그림 10-1]과 같다.

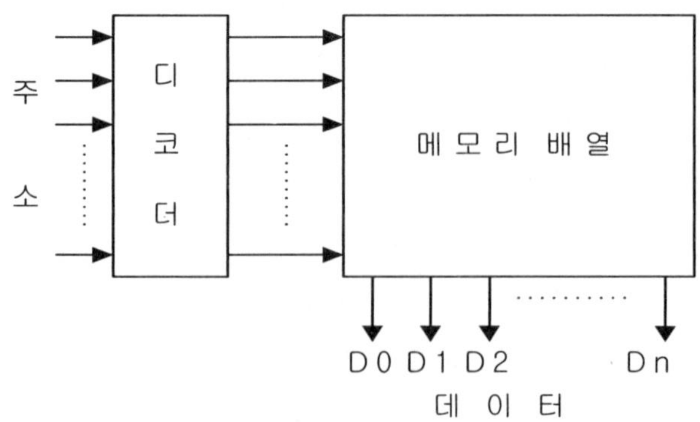

[그림 10-1] ROM의 내부구조

10-1-1 Mask ROM

마스크(mask) ROM은 소자를 제조하는 단계에서 데이터를 사전에 고정해 놓음으로써 뒤에 변경이 불가능한 ROM으로 메모리 셀의 구조가 간단하기 때문에 반도체 메모리 중 가장 집적도가 높다.

마스크 ROM을 용도별로 나누어본다면, 하나는 데이터가 미리 정해져 있는 것으로서 표준품으로 판매되고 있는데 대부분이 문자용의 ROM으로 프린터 또는 CRT 디스플레이 등에 사용된다. 다른 하나는 사용자의 요구에 따라 데이터를 프로그램해서 넣은 것으로 포토 마스크(photo mask)의 비용이 요구되는 부담은 있지만 전자사전과 같이 동일 데이터의 ROM을 대량으로 사용하는 경우에 적합하다.

10-1-2 EPROM

EPROM(Erasable-Programmable ROM)은 프로그램도 가능하고 프로그램된 내용을 소거하는 것도 가능한 메모리이다. EPROM에 프로그램하기 위해서는 보드상(on-board)에서는 안 되고 롬 라이터(ROM writer)라고 하는 장비를 사용하여야 한다. 또한 프로그램된 내용을 소거하기 위해서는 EPROM의 외형에 석영 글라스가 달려 있는데 이 석영 글라스 창에 자외선(ultra-violet)을 조사하면 된다.

EPROM에 +12.5[V]의 프로그램 전압을 인가하여 프로그램하고 자외선을 조사하여 프로그램을 소거하는데 수십 회 이상 반복적으로 사용할 수 있다. 프로그램을 소거하고 EPROM의 내용을 읽어내면 모두 FFH의 값이 되면 정상적이다. 또한, EPROM은 대기 모드일 때는 활성 모드일 때보다 동작전류가 1/2~1/100까지 감소되어 소비전류가 적으며, 100~300[ns]의 액세스 시간으로 DRAM 및 SRAM보다는 비교적 저속이다. EPROM은 컴퓨터 시스템, 마이크로프로세서를 사용한 디지털 제어기 등에서 전체 시스템을 구동시키는 주프로그램을 저장하는 데 사용하게 된다.

10-1-3 PROM

ROM은 제조 시 '0' 또는 '1'의 데이터를 미리 기입해 넣는 것이다. 그러나 이 ROM도 사용자가 스스로 프로그램할 수 있다면 편리할 때가 있다. 이러한 ROM을 프로그래머블(programmable) ROM, 즉 PROM이라고 부른다. 32×8 비트에서 4,096×4 비트까지의 용량을 갖는 각종 PROM이 개발되어 있다.

PROM은 퓨즈 링크(fuse link)를 사용하기 때문에 사용자에 의해서 프로그램될 수는 있지만 퓨즈 링크가 녹아버린 다음에는 다시 프로그램할 수 없다.

PROM에서는 먼저 다이오드 또는 트랜지스터에 의한 메모리 셀의 완전한 어레이(배열)를 제작한다. 각 메모리 셀의 다이오드 또는 트랜지스터의 한 끝에는 가는 금속선이 접속되어 있으며, 프로그램할 때는 그 파형과 지속시간이 제대로 정해진 대전류를 흘려서 이 금속선을 녹여 자른다. 이렇게 하여 금속선에 의한 접속의 유무에 의해 데이터를 기억하는 원리로 되어 있다.

PROM은 프로그램을 완성하고 더 이상 수정이 필요 없을 때 사용하는 것이 효율적이며, 한 번만 프로그램할 수 있기 때문에 OTP(One-Time Programming) ROM이라고도 한다.

PROM은 OTP 타입 마이크로컨트롤러에 많이 적용되고 있다. 일반적으로 마이크로프로세서 개발자들은 에뮬레이터(emulator)라는 개발장치를 사용하여 보드를 개발하기 때문에 마이크로컨트롤러 보드 개발 시에는 프로그램을 완성하고 OTP 타입의 마이크로컨트롤러를 사용하는 경우가 많다.

10-2 RAM

RAM(Random Access Memory)은 보드상에서 자유자재로 내용을 기입하거나 내용을 소거할 수 있는 메모리이며, 전원을 off하면 내용이 모두 지워지는 휘발성 메모리로 흔히 RWM(Read-Write Memory)이라고 불린다.

10-2-1 SRAM

SRAM(Static RAM)은 전원이 on되어 있는 한 데이터는 보존되고 전원이 off되어야 데이터가 소거되는 메모리이다. 따라서 SRAM은 메모리셀이 플립플롭으로 되어 있어서 리프레시(reflash)가 필요 없는 정적인 RAM이다.

SRAM은 리프레시가 필요 없어 DRAM에 비해 사용하기는 편리하고 제어회로가 간단해지지만 집적도가 낮고 소비전력이 비교적 커서 데이터양이 적은 마이크로컨트롤러 시스템에서 많이 사용된다.

SRAM은 대기 모드(standby mode)에서는 활성 모드(active mode)에 비해 동작전류가 1/20～1/100 이하로 감소하며, 저전력형에서는 최대 1/1000 이하로 감소하여 배터리 백업용으로 적합하다.

SRAM의 메모리 셀의 기본구조는 [그림 10-2]와 같다.

[그림 10-2]에서 메모리 셀은 행과 열 신호에 의해 선택된다.

READ/$\overline{\text{WRITE}}$ 선이 Low일 때 입력 데이터 비트가 1로 세트되고 RS 래치를 0으로 리셋시킴으로써 메모리 셀에 데이터가 기록된다. READ/$\overline{\text{WRITE}}$ 선이 High일 때는 RS 래치는 영향을 받지 않고 저장된 데이터가 출력으로 나오게 된다.

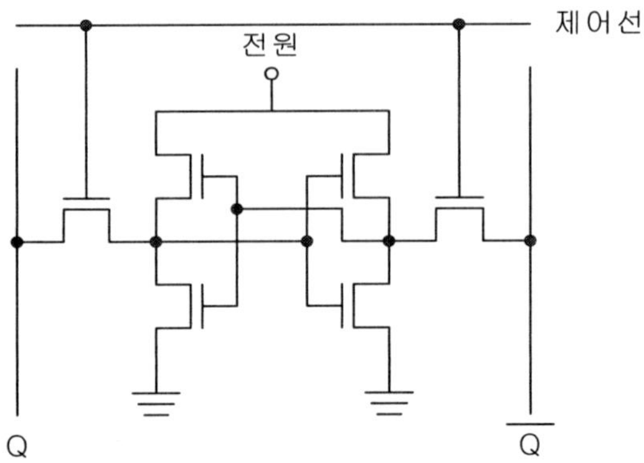

[그림 10-2] SRAM 메모리 셀의 기본구조

10-2-2 DRAM

DRAM(Dynamic RAM)은 전원이 공급되고 있어도 그 기억내용의 시간이 지남에 따라 소멸되기 때문에 주기적인 리프레시가 필요한 동적 RAM이다.

DRAM은 SRAM의 직접밀도의 한계를 초월하기 위하여 플립플롭에 정보를 기억하는 대신에 셀 내의 커패시터에 전하형태로 정보를 저장하며 주기억장치에 쓰인다.

즉, DRAM의 셀들은 데이터 비트를 래치보다는 작은 커패시터에 저장하므로 구조가 매우 단순한 장점이 있어 DRAM은 SRAM보다 비트당 저가격으로 아주 큰 메모리 영역을 칩에 만들 수 있다. 그러나 기억하는 커패시터는 일정한 시간이 지나면 그 전하는 방전하여 저장된 정보를 소멸시키므로 주기적으로 전하를 재충전시켜야 하는 단점이 있는데 이러한 재충전과정을 리프레시(refresh)라 한다.

dynamic MOS 메모리 셀은 [그림 10-3]에 표시된 것처럼 한 개의 트랜지스터와 한 개의 콘덴서로 구성된다. 메모리 셀은 셀을 동작시키기 위해서 read와 write 게이트로 MOS 트랜지스터를 사용한다. 데이터 입력은 Q_1을 ON으로 전환시키는 write 조절신호에 의하여 저장을 위해서 연결된다.

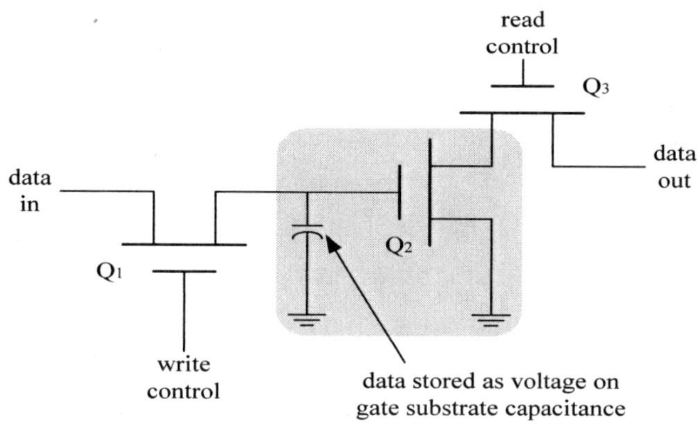

[그림 10-3] dynamic MOS 메모리 셀

트랜지스터 Q_1이 ON으로 되면 Q_2의 게이트에서 콘덴서 양단에 데이터 전압이 연결된다. 만약 데이터 입력이 HIGH(+5V)이면 write 신호가 존재하는 동안 콘덴서가 충전된다. 만약 데이터 입력이 LOW(0 [V])이면 write 동작에 의해서 콘덴서가 방전된다. 저장된 LOW는 명확히 불분명하게 유지된다. 저장된 HIGH는 콘덴서가 충전을 유지하는 동안 데이터 1의 HIGH 전압 레벨로 유지된다.

적은 메모리 크기를 구하기 위한 콘덴서의 크기는 아주 작다(어떤 것은 몇 pF 정도이다). 따라서 불과 수 milisecond에서 수백 milisecond 정도만 충전을 유지한다. 방전은 게이트에서 MOSFET Q_2의 소스 저항을 통해서 이루어진다. 충전을 유지하기 위해서 주기적으로 데이터를 리프레시하거나 rewrite해야 한다(적어도 매번 2[ms] 간격으로).

dynamic 메모리 셀에서 데이터를 리프레시하기 위해서는 메모리를 보조하기 위해서 더욱 복잡한 회로가 필요하게 되는데 셀의 크기를 감소시키기 위해서는 불이익을 감수할 가치가 있다. 항상 이런 리프레시는 컴퓨터 동작 내에서 이루어지기 때문에 리프레시는 사용자에게 보이지 않지만 메모리가 사용되지 않을 때에는 동작 사이클의 일부 동안에만 발생된다.

트랜지스터 Q_3는 데이터의 판독에 사용된다. read 조절신호가

HIGH로 되면 Q_3가 ON으로 구동되고 데이터가 셀로부터의 출력으로 연결된다. Q_2 트랜지스터가 게이트에서 저장된 데이터를 유지시키고 드레인에서 출력을 제공하기 때문에 저장된 데이터 비트는 read시에 반전된다. 저장된 'H' 전압은 Q_2를 ON으로 구동시키고 'L' 출력을 제공한다. 반면 Q_2에 의해서 저장된 'L' 비트 정보는 Q_2를 OFF시키고 출력을 반전시킨다. 이런 데이터 read의 반전은 외부회로나 메모리 IC의 또 다른 일부에 의해서 고려된다.

외부의 데이터가 메모리 셀로 쓰여질 때 write 신호가 'H'로 되고 Q_1이 ON으로 구동되며 입력 데이터는 셀에 의해서 저장된다. read 신호가 'H'일 때 데이터가 read되며 데이터의 반전이 셀로부터 read된다. read와 write 신호가 모두 ON으로 되면 리프레시가 수행되기 때문에 셀로부터의 데이터 read는 셀로 write back된다. 외부의 리프레시 회로는 리프레시 동작의 홀수 또는 짝수의 track을 유지하기 때문에 데이터 read가 true 데이터인지 혹은 반전된 데이터인지를 자동적으로 결정하는 것이 가능하다.

실제적인 dynamic memory unit는 4116(16k×1bit) IC를 [그림 10-4]에 나타내었다.

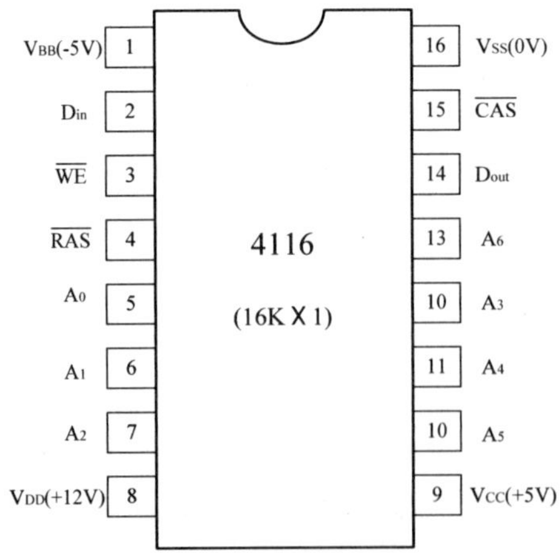

(a) 핀 연결도

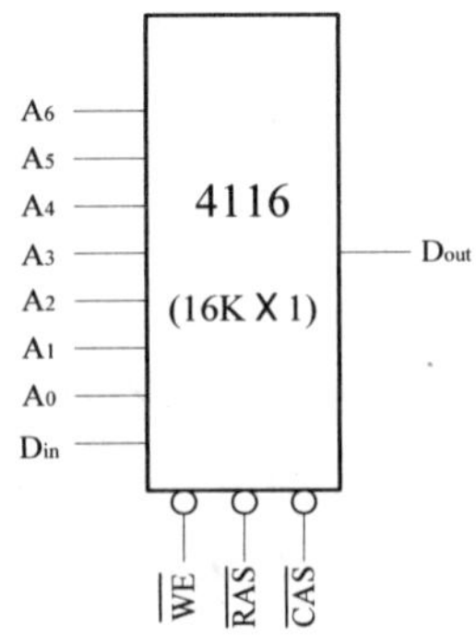

(b) 논리도

[그림 10-4] dynamic memory 4116(16k×1bit) IC

10-3 좌향 시프트 레지스트

[그림 10-5]의 (a)는 4단의 D 플립플롭으로 구성된 좌향 시프트 레지스터(left shift register)이다. 데이터는 LSB인 Q_0 단에서 MSB인 Q_3 단으로 좌향 이동된다.

[그림 10-5]의 (b)와 같은 데이터 입력이 주어지는 경우에 시프트 펄스가 차례로 가해짐에 따라 데이터가 Q_0단, Q_1단, Q_2단, Q_3단으로 좌향 이동된다.

이와 같이 4단 시프트 레지스터에서는 직렬입력 데이터가 출력에 나타나는 데 4개의 시프트 펄스가 필요하다. 이때 입·출력동작은 직렬입력-직렬출력 형식이다.

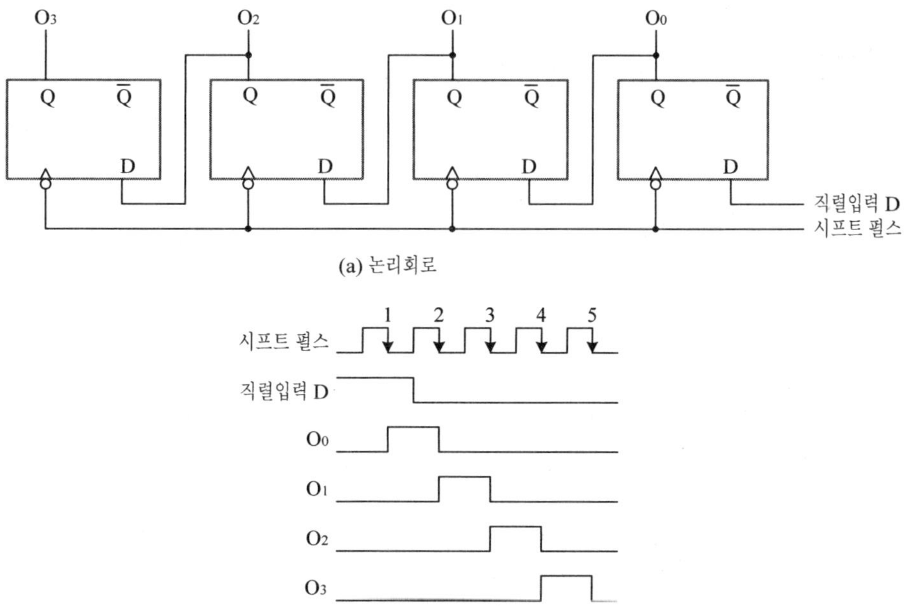

(a) 논리회로

(b) 타이밍도

[그림 10-5] 좌향 시프트 레지스터

〈표 10-1〉 좌향 시프트 레지스터의 동작표

시프트 펄스	Q_3	Q_2	Q_1	Q_0
초기값	0	0	0	0
1	0	0	0	1
2	0	0	1	0
3	0	1	0	0
4	1	0	0	0

그러나 [그림 10-5]에서 Q_0, Q_1, Q_2, Q_3에서 병렬로 출력하면 직렬입력-병렬출력 형식이 될 수도 있다. 따라서 4단 좌향 시프트 레지스터의 동작표는 〈표 10-1〉과 같다.

〈표 10-1〉에서 알 수 있듯이 어떤 수의 2진수를 왼쪽으로 시프트하면 그 수에 2를 곱한 것과 같으므로 좌향 시프트 레지스터는 곱셈 연산회로에 이용될 수 있다.

10-4 우향 시프트 레지스트

직렬가산기에서는 LSB부터 자리수를 이동시켜가면서 차례로 입력을 가해야 하는데 이 경우 [그림 10-6 (a)]와 같은 우향 시프트 레지스터(right shift register)를 사용한다.

초기에 모든 레지스터 단이 리셋되어 있고, 직렬입력 D가 [그림 10-6]의 (b)와 같다면 우향 시프트 레지스터의 동작표는 〈표 10-2〉과 같다. 우향 시프트 레지스터는 〈표 10-2〉의 동작표에서 알 수 있듯이 어떤 2진수를 오른쪽으로 1비트 시프트하면 그 수를 2로 나눈 것과 같으므로 나눗셈 연산회로에 이용될 수 있다.

[그림 10-6]의 타이밍도는 입력 데이터가 직렬입력 D에 가해지며 가해진 입력 데이터는 시프트 펄스가 가해질 때마다 우측으로 이동되고 있는 동작 상태를 명확하게 보여주고 있다.

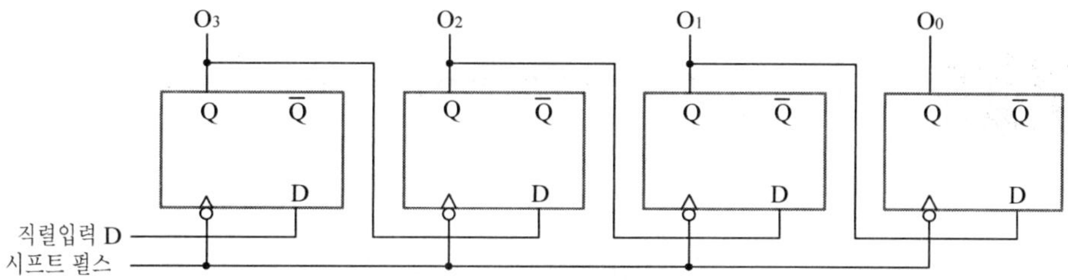

(a) 논리회로

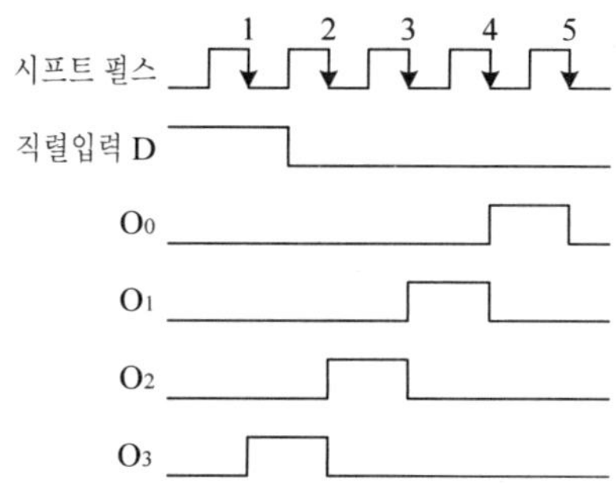

(b) 타이밍도

[그림 10-6] 우향 시프트 레지스터

<표 10-2> 우향 시프트 레지스터의 동작표

시프트 펄스	Q_3	Q_2	Q_1	Q_0
초기값	0	0	0	0
1	1	0	0	0
2	0	1	0	0
3	0	0	1	0
4	0	0	0	1

10-5 직렬입력-직렬출력형 시프트 레지스터

직렬입력-직렬출력형(SISO)은 직렬입력을 받아들이고 직렬로 데이터를 출력시키는 레지스터이다. 하나의 입력 데이터선과 하나의 출력 데이터선을 갖는다. 직렬입력-직렬출력형은 [그림 10-7]의 내부구조를 갖는다.

[그림 10-7]은 A, B 두 개의 직렬입력을 갖고 8단의 RS 플립플롭을 거쳐 직렬출력을 발생시키는 시프트 레지스터이다. A, B 직렬입력이 어느 하나라도 0이 되면 0으로 입력된다. A, B 직렬입력이 모두 1일 때 $S_1=1$, $R_1=0$의 입력이 가해지고 클록 입력(CK)의 하강 에지에서 $Q_1=1$, $\overline{Q_1}=0$이 된다. $Q_1=1$이 S_2로 입력되고 $\overline{Q_1}=0$이 R_2로 입력되어 클록 입력의 두 번째 하강 에지에서 $Q_2=1$, $\overline{Q_2}=0$으로 된다. 이렇게 A, B = 1의 입력이 Q_0의 출력으로 전송되려면 8개의 클록이 입력되어야 한다. 이러한 상태의 타이밍도는 [그림 10-8]과 같다.

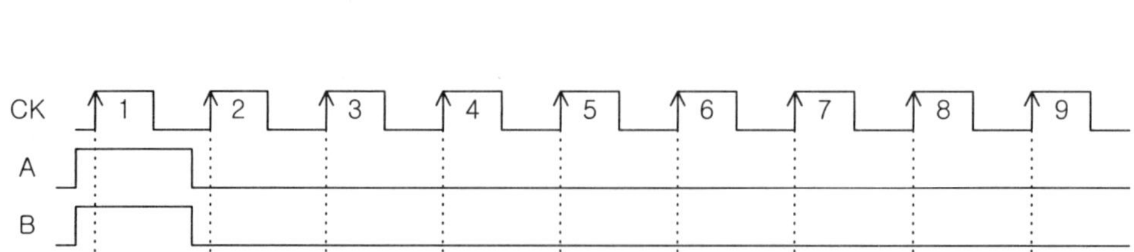

[그림 10-7] 직렬입력-직렬출력형 시프트 레지스터의 내부구조

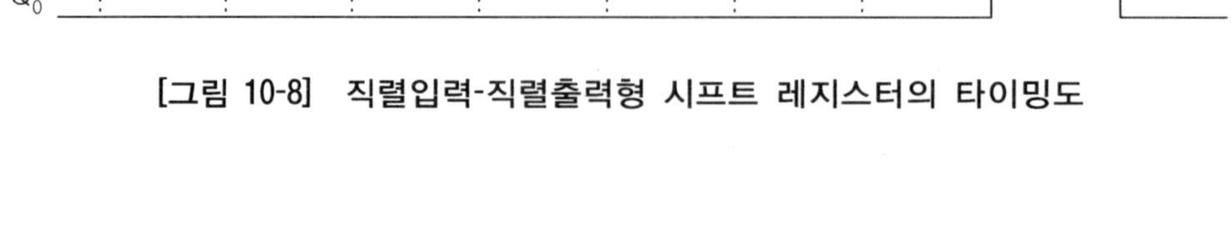

[그림 10-8] 직렬입력-직렬출력형 시프트 레지스터의 타이밍도

10-6 직렬입력-병렬출력형 시프트 레지스터

직렬입력-병렬출력형(SIPO)은 직렬입력을 받아들이고 병렬로 데이터를 출력시키는 레지스터이다. 이것은 하나의 입력 데이터와 여러 개의 출력(병렬출력) 데이터를 가지며, 직렬 데이터를 병렬 데이터로 변환하는 직렬-병렬 변환기로 사용된다. 직렬입력-병렬출력형은 [그림 10-9]의 내부구조를 갖는다.

직렬입력-병렬출력형은 직렬입력-직렬출력형에 비해 각 플립플롭의 출력이 모두 외부출력으로 되어 있고, 클리어(clear) 입력을 사용하여 현재의 출력상태($Q_1 \sim Q_8$)를 모두 0으로 클리어시키며, 나머지는 직렬입력-직렬출력형과 동일하다. 이에 대한 타이밍도는 [그림 10-10]과 같다.

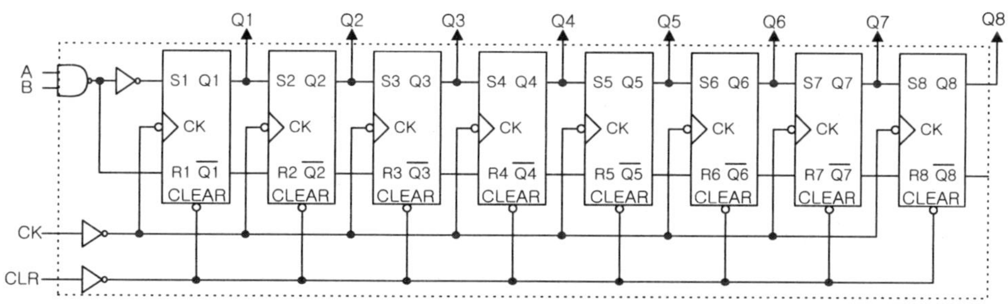

[그림 10-9] 직렬입력-병렬출력형 시프트 레지스터의 내부구조

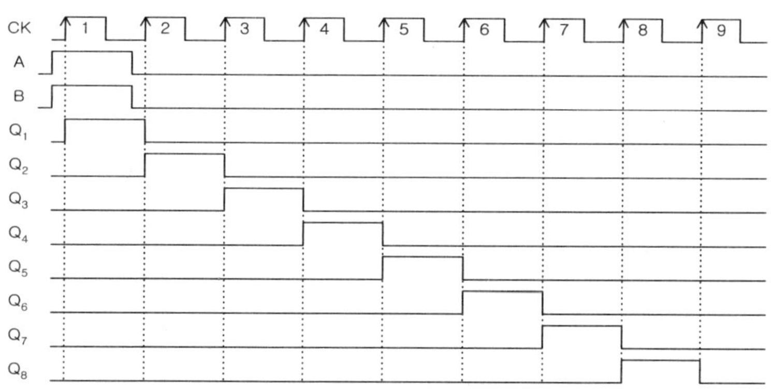

[그림 10-10] 직렬입력-병렬출력형 시프트 레지스터의 타이밍도

연 습 문 제

1. DRAM과 SRAM의 차이점을 설명하여라.

2. ROM에 대해서 설명하시오.

3. RAM에 대해서 설명하시오.

4. 프로그램되어 공장에서 출하되는 메모리로 사용자의 요구에 맞춘 대량생산용의 ROM의 종류는?

5. ROM에서 메모리에 내용을 기입하거나, 소거할 때 사용되는 장비 이름은 무엇인가?

6. 레지스터의 기능을 설명하시오.

7. 레지스터의 종류를 설명하시오.

8. 우향 시프트 레지스터에 1001의 데이터가 기억되어 있을 경우 펄스가 1개 입력된 후에 레지스터의 값은 무엇인가? (단, 입력 데이터는 0이다.)

제 11 장

카운터(계수기)

카운터(counter)는 순서 논리회로 중에서 입력신호가 들어올 때마다 미리 정해진 순서대로 상태가 변하는 것을 말하며, 카운터 회로는 디지털 시스템에서 많이 사용되고 있다. 카운터 회로의 기본은 플립플롭을 응용하여 구성되고 있으며, 클록 신호에 따라 구동되고 있다.

디지털 카운터는 입력되는 클록 신호에 따라 비동기식 카운터(asynchronous counter)와 동기식 카운터(synchronous counter)로 분류된다.

11-1 비동기식 카운터

비동기식 카운터(asynchronous counter)는 클록 펄스가 모든 플립플롭의 동기신호로 인가되지 않도록 구성된다. 따라서 각 단의 출력값이 동일한 시간에 결정되지 않는다.

일반적으로 비동기식 카운터에서는 첫 번째 플립플롭에는 꼭 클록 펄스가 동기신호로 인가되어야 하지만 첫 번째 플립플롭을 제외한 나머지 플립플롭들은 앞단의 출력이나 클록 펄스를 동기신호로 사용하도록 구성된다. 따라서 플립플롭의 상태는 동시에 변화를 일으키지 않기 때문에 리플 카운터(ripple counter)라고 한다.

11-1-1 2진 카운터

JK 플립플롭으로 구성한 비동기 2진 카운터는 [그림 11-1]과 같다.

[그림 11-1]에서 첫 번째 단(A출력) 플립플롭에만 클록 입력이 연결되어 동작하고, 두 번째 단(B출력) 플립플롭의 클록 입력에는 $\overline{Q_A}$ 출력이 연결되어 있다. 따라서 첫 번째 단의 출력(A)은 클록 펄스의 상승 에지마다 상태가 변화하게 되지만 두 번째 단의 출력(B)은 첫 번째 단의 반전 출력($\overline{Q_A}$)의 상승 에지에서 트리거된다.

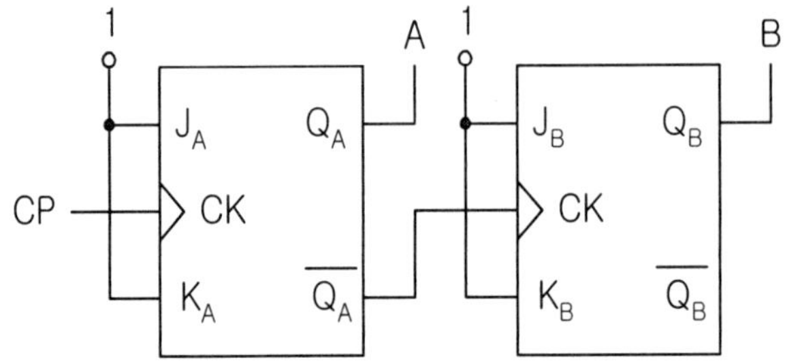

[그림 11-1] 비동기 2단 2진 카운터

또한 각 단의 출력은 각 플립플롭의 전파지연 때문에 동시에 트리거될 수 없다. 그리고 2단이기 때문에($2^4 = 4$) 4개의 상태값을 갖게 된다. 이에 대한 타이밍도는 [그림 11-2]와 같다.

[그림 11-2]에서 JK 플립플롭의 입력이 $J = K = 1$로 되어 각 플립플롭은 토글동작을 한다. A출력은 CP의 상승 에지가 들어올 때마다 토글 동작을 하며, B출력은 클록 입력이 A출력의 $\overline{Q_A}$로 되어 있기 때문에 $\overline{Q_A}$의 상승 에지에서 토글 동작을 한다.

[그림 11-1]과 [그림 11-2]에 따른 2단 2진 카운터의 동작표는 〈표 11-1〉과 같다.

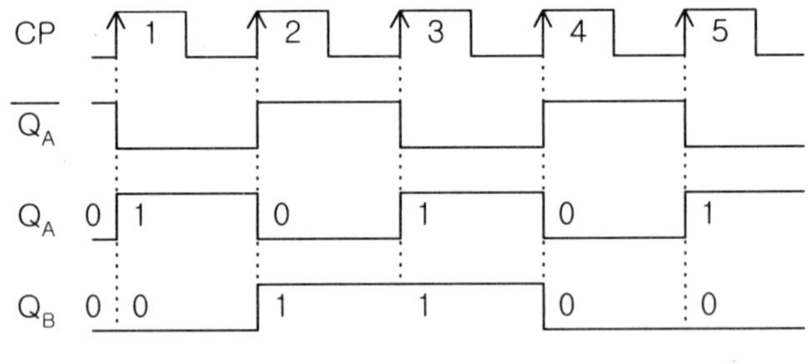

[그림 11-2] 비동기 2단 2진 카운터의 타이밍도

〈표 11-1〉 비동기 2단 2진 카운터의 동작표

CP	B(Q_B)	A(Q_A)
0	0	0
1	0	1
2	1	0
3	1	1

11-1-2 하향 카운터

내림차순으로 카운트(down count)하려면 [그림 11-3 (a)]와 같이 단순히 앞단의 $\overline{Q}$출력을 다음 단의 클록으로 연결하기만 하면 된다. 이 카운터의 출력상태는 (b)에 나타냈다.

그림에서 카운터 클록이 한 개씩 증가하면 출력 $Q_CQ_BQ_A$는 000, 111, 110, 101, …, 000가 되어 2진수 내림차순으로 카운트하기 때문에 이러한 카운터를 2진 하향 카운터(down counter)라 한다. 3단 구성이므로 출력이 하향 카운트됨과 동시에 입력 클록 펄스 2^3개(8개)마다 출력이 되풀이됨을 알 수 있다.

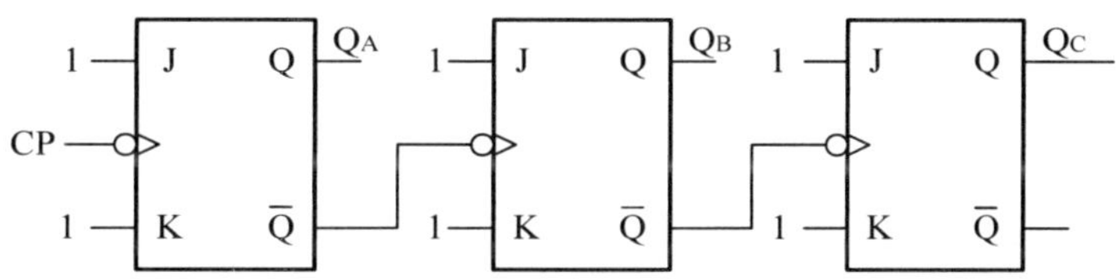

(a) 3단 2진 하향 카운터

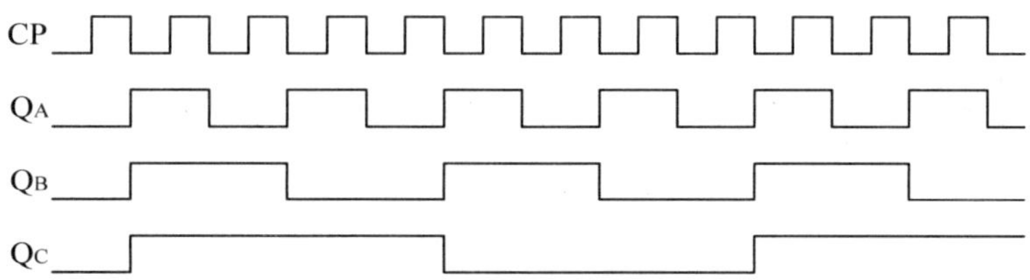

(b) 타이밍도

[그림 11-3] 하향 카운터

11-2 동기식 카운터

동기식 카운터(synchronous counter)는 카운터 각 플립플롭이 동시에 트리거 되는 카운터이다. 즉 카운터 각 플립플롭의 클록 입력은 같은 클록이 동시에 입력된다. 따라서, 각 단의 출력값은 동일한 순간에 결정된다. 즉, 각 플립플롭의 동작을 클록 펄스에 동기시키는 방식으로, 순차회로에 의한 설계절차를 이용한다.

11-2-1 2진 카운터

[그림 11-4]는 동기 2단 2진 카운터를 나타낸다.

[그림 11-4]의 회로에서 플립플롭 A와 플립플롭 B는 클록 입력이 하나의 클록으로 동기된다. 플립플롭 A의 J와 K입력은 동시에 1로 되어 있어 클록(CP)의 상승 에지에서 Q출력이 토글 상태가 된다. 플립플롭 B의 J와 K입력은 플립플롭 A의 Q_A출력으로 되어 있어 Q_A가 1이면 클록 입력의 상승 에지에서 Q_B출력은 토글 상태로 되고, Q_A가 0이면 Q_B출력은 전 상태값을 유지하게 된다.

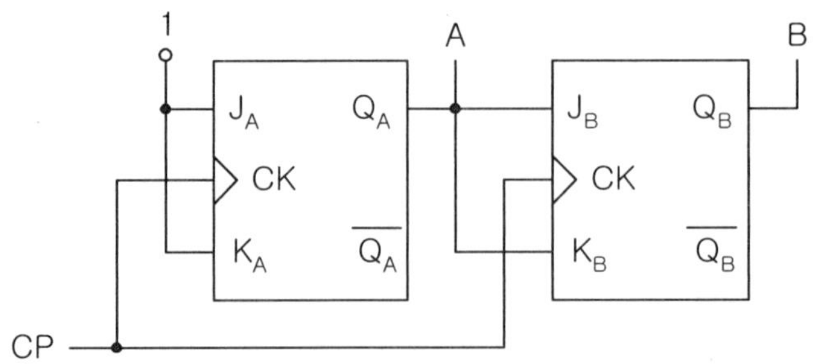

[그림 11-4] 동기 2단 2진 카운터

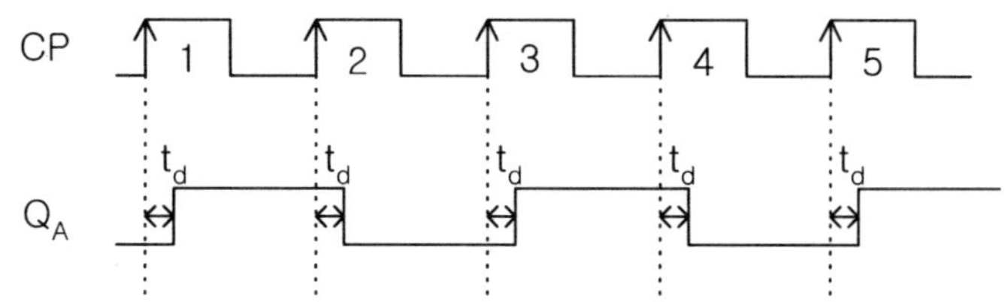

[그림 11-5] 플립플롭의 전파지연

그러나 클록 입력과 Q_A출력, Q_B출력 사이에는 미묘한 타이밍 관계가 있다. Q_A출력의 타이밍을 살펴보면 [그림 11-5]와 같이 플립플롭의 전파지연이 발생한다. 즉, 클록 펄스의 상승 에지에서 Q출력의 상태가 동시에 변하지 않고 전파지연으로 인해 늦게 상태가 변하게 된다.

이것이 그 다음 단의 플립플롭 B에 영향을 미치게 된다. 이러한 영향은 [그림 11-6]과 같다.

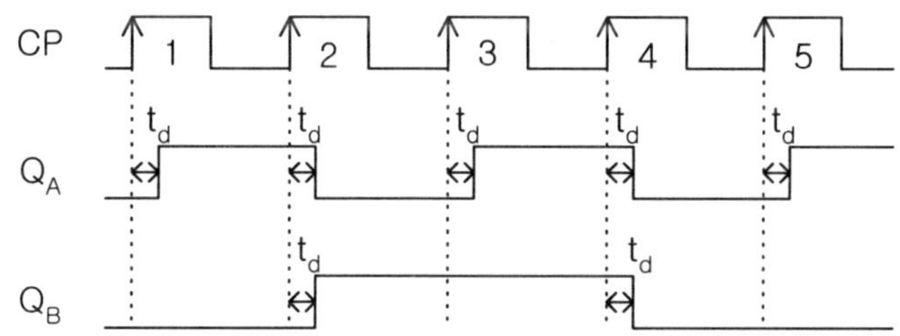

[그림 11-6] 전파지연으로 인한 카운터의 타이밍

[그림 11-6]에서 첫 번째 클록의 상승 에지에서 Q_A는 전파지연이 발생하고 0에서 1로 토글한다. 그러나 플립플롭 B의 J와 K입력은 첫 번째 클록의 상승 에지에서 0으로 되어 있기 때문에 Q_B 출력은 전 상태값인 0을 그대로 유지하게 된다.

두 번째 클록의 상승 에지에서는 Q_A는 전파지연이 발생하고 1에서 0으로 토글한다. 이때 플립플롭 B의 J와 K입력은 두 번째 클록의 상승 에지에서 1로 되어 있기 때문에 Q_B출력은 1에서 0으로 토글하게 된다. 따라서 이러한 상태의 전체 타이밍도는 [그림 11-7]과 같다.

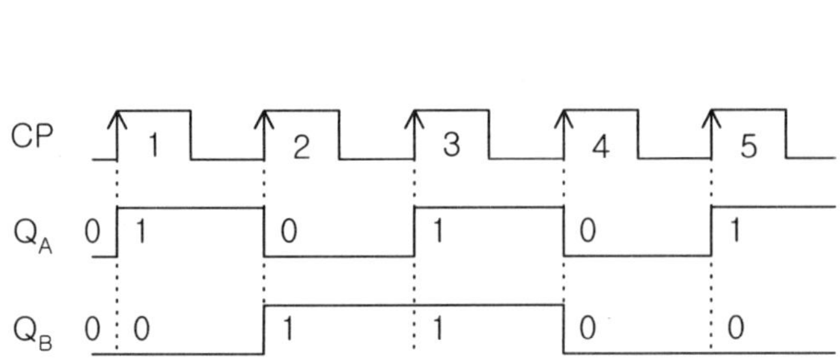

[그림 11-7] 동기 2단 2진 카운터의 타이밍도

11-2-2 모듈러스 카운터

리플 카운터는 2진 카운터로 2, 4, 8, 16 등으로 카운트되지만 그 외의 카운트 값을 갖는 카운터를 설계하는 것도 가능하다.

10개의 펄스에서 다시 사이클이 시작되는 카운터는 10진 카운터(decade counter)라고 부르는데, 이것은 기수(radix)가 10이기 때문에 모듈러스 10(modulus-10) 카운터라고도 부르며 간단히 Mod-10 카운터라고도 한다. 이러한 모듈러스 카운터는 다음의 3가지 방법에 의해 설계를 사용한다.

① one-shot M/V의 이용
② 직접 동작형 카운터
③ 동기형 카운터

11-2-3 링 카운터

링 카운터(ring counter)는 시프트 레지스터의 출력을 입력 쪽에 궤환(feed- back)시킴으로써 클록 펄스가 입력되는 동안 레지스터의 초기 값인 '100··0'이 레지스터 내부에서 순환하도록 만든 것이므로 환상 레지스터(circulating register)라고도 한다.

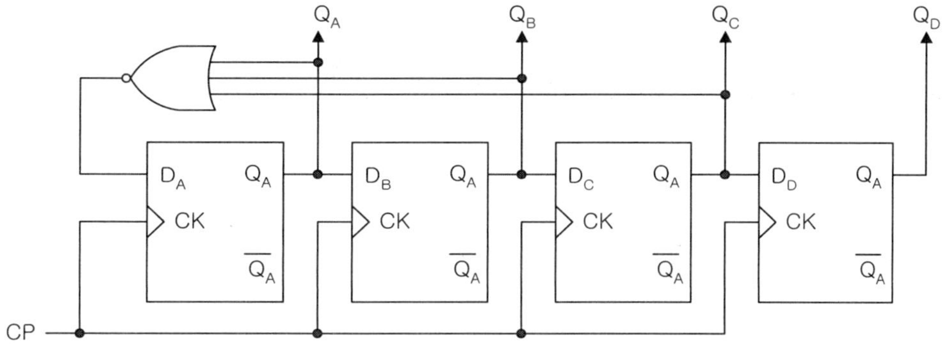

[그림 11-8] 링 카운터

링 카운터에 클록 펄스가 인가되는 동안 단지 하나의 '1'이 처음 플립플롭에서 다음 플립플롭으로 계속 넘어가다가 마지막 플립플롭에 도달한 후 다시 처음 플립플롭으로 돌아오는 카운터이다.

[그림 11-8]은 링 카운터 회로도를 보여주고 있다.

11-2-4 존슨 카운터

디지털 시스템의 동작을 제어하는 디지털 제어기(digital controller)는 제어신호(control signal)를 정해진 순간에 발생하기 위해서 타이밍 신호(timing signal)를 이용한다.

타이밍 신호는 시프트 레지스터를 이용하거나 카운터와 디코더(decoder)를 조합해서 만들 수 있다. 이와 같이 타이밍 신호를 만들기 위한 또 다른 방법으로 시프트 레지스터와 디코더를 이용할 수 있는데 이러한 조합을 존슨 카운터(Johnson's counter)라 한다.

연습문제

1. 동기식 카운터의 특징에 대해 설명하시오.

2. 비동기식 카운터의 특징에 대해 설명하시오.

3. 동기식 3진 카운터 회로를 JK F/F을 이용하여 설계하여라.

4. JK 플립플롭을 5개 사용하여 비동기 카운터를 구성하였다. 카운트할 수 있는 상태의 수는 얼마인가?

부 록

전기회로 설계방법

▸ 전기회로 설계방법 순서
▸ 실습과제 1
▸ 실습과제 2
▸ 실습과제 3
▸ 실습과제 4
▸ 실습과제 5
▸ 실습과제 6
▸ 실습과제 7
▸ 실습과제 8
▸ 실습과제 9

다양한 산업현장에서 전기기술자가 수행해야 하는 업무 중 하나는 자동화제어부분의 생산라인 및 기계장치의 제어를 담당하는 전기회로를 설계하는 일이다. 따라서, 본 단원에서는 설계의 기본을 익히고, 카르노 맵(Karnaugh map) 이론을 중심으로 회로를 설계하는 방법을 익히고, 유접점 시퀀스와 논리 I.C 소자를 이용한 제어의 실험을 통하여 그 설계의 결과를 입증해 보기로 한다.

□ 전기회로 설계방법 순서

1. 자동화제어부분의 주어진 동작요구에 따른 입력 측과 출력 측의 관련특성을 검토하고 이해한다.

2. 입력과 출력에 대한 동작표를 작성한다.

(가) 입력변수(입력으로 사용되는 모든 소자)에 따라 동작표를 만들게 되는데, 2^n에 의해 n은 입력변수 개수이며, 예를 들어 입력변수 3이라면 $2^n = 8$이 된다. 따라서 8개의 표가 만들어진다.

(나) 만들어진 표에 8421 CODE법에 의해 2진수로 0, 1을 표시한 후 동작요구에 맞는 입력변화에 따른 출력의 동작요소를 표에 기록한다.

3. 카르노 맵을 작성하여 논리식을 산출한다.

동작표가 작성 완료되면 입력변수에 따라 카르노 맵(karnaugh map)을 작성하여 논리식을 산출한다. 또, 입력변수가 많을 때는 동작의 특성에 따라 동작구간을 분리하여 맵을 작성하면 된다.

4. 논리식을 전개한다.

(가) 카르노 맵에 의해 산출된 논리식을 출력의 중심으로 분류하여 전개한다.

(나) 이때 논리식에 대하여 공통변수는 요약정리를 하도록 한다.

5. 유접점 도면을 그린다.

논리식에 의해 나타낸 출력식에서 덧셈부분은 전기도면에서 병렬회로로 나타내고, 곱셈형식은 전기도면에서 직렬로 표현하여 도면을 그리면 된다. 단, 주회로는 별도로 출력의 부하동작에 맞게 도면을 그리면 된다.

6. 논리 I.C에 의한 회로를 구성한다.

논리식 또는 유접점 도면을 보고 논리 I.C에 의한 회로를 구성하고 출력에 LED를 사용하도록 한다.

7. 동작 확인한다.

(가) 동작실험을 하기 위해 직류전원 공급장치를 준비한다.

(나) 사용한 I.C가 TTL인지, 아니면 C-MOS TYPE인지 구분하여 직류전원을 인가한다. 공통으로 직류전원 5[V]를 인가하고 LED의 동작 여부를 확인하도록 한다.

실습과제 1 PB_1, PB_2, PB_3 3개의 입력 스위치가 있다. 이들이 다음과 같이 동작할 때 회로를 설계하라.

동작조건

1) PB_1, PB_2/ON이고, PB_3/OFF일 때 $LAMP_1$이 점등된다.
2) PB_2, PB_3/ON이고, PB_1/OFF일 때 $LAMP_1$이 점등된다.
3) PB_3/ON이고, PB_2/OFF일 때 $LAMP_1$이 점등된다.
4) PB_2/ON이고, $PB_1, PB_3/OFF$일 때 $LAMP_2$가 점등된다.
5) $PB_1, PB_3/ON$이고, PB_2/OFF일 때 $LAMP_2$가 점등된다.
6) PB_1/ON이고, $PB_2, PB_3/OFF$일 때 $LAMP_2$가 점등된다.
7) PB_1, PB_2, PB_3/ON일 때 $LAMP_2$가 점등된다.

(1) 동작표

PB_1	PB_2	PB_3	$LAMP_1$	$LAMP_2$
0	0	0		
0	0	1	①	
0	1	0		①
0	1	1	①	
1	0	0		①
1	0	1		①
1	1	0	①	
1	1	1		①

(2) 카르노 맵

※ $LAMP_1$

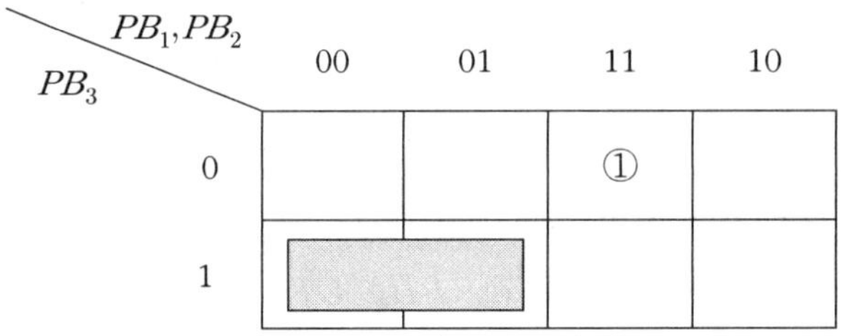

$\overline{PB_1}PB_3$ $PB_1PB_2\overline{PB_3}$

※ $LAMP_2$

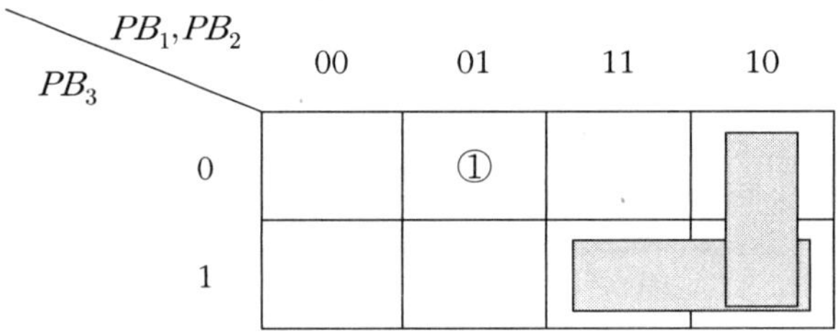

$\overline{PB_1}PB_2\overline{PB_3}$ $PB_1PB_3 + PB_1\overline{PB_2}$

(3) 논리식

$$LAMP_1 = PB_1PB_2\overline{PB_3} + \overline{PB_1}PB_3$$

$$LAMP_2 = \overline{PB_1}PB_2\overline{PB_3} + PB_1PB_3 + PB_1\overline{PB_2}$$

$$= \overline{PB_1}PB_2\overline{PB_3} + PB_1(PB_3 + \overline{PB_2})$$

(4) 유접점회로(시퀀스도)

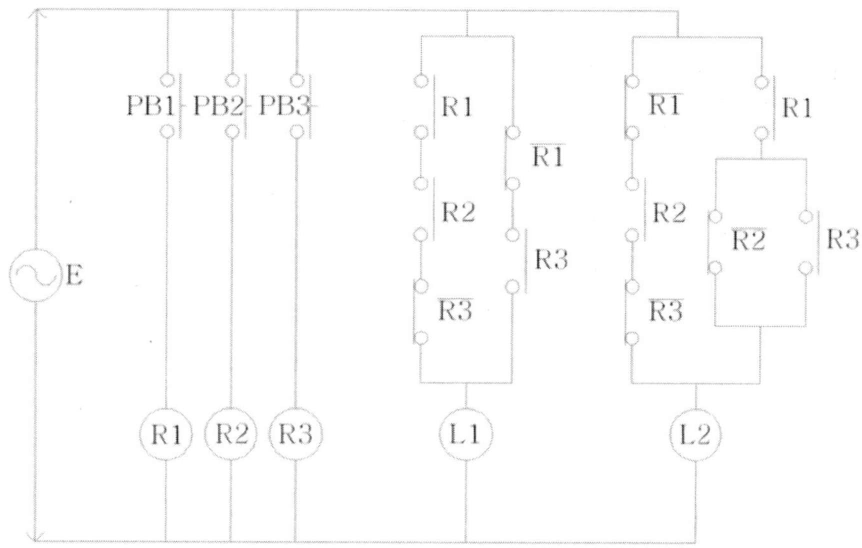

(5) 무접점회로(논리회로도)

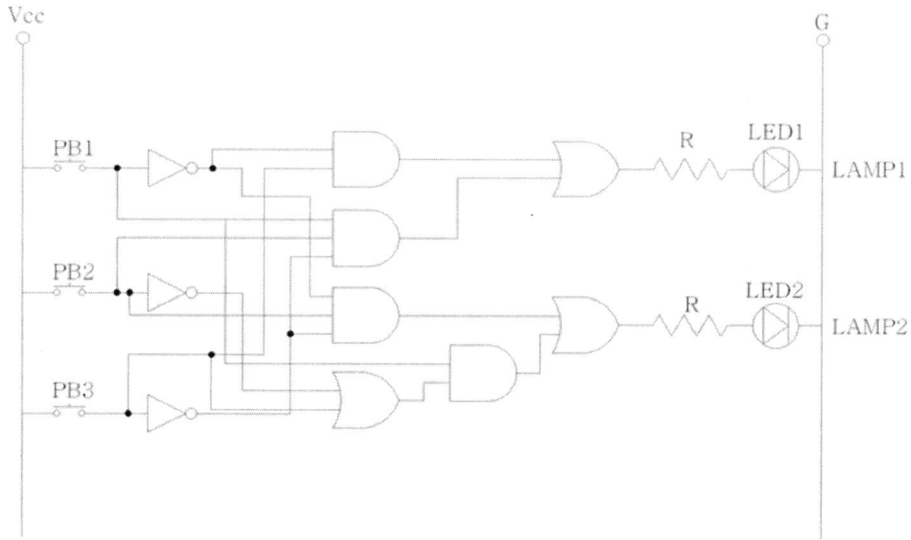

실습과제 2

PB_1, PB_2, PB_3, PB_4 4개의 입력 스위치가 있다. 이들이 다음과 같이 동작할 때 회로를 설계하라.

동작조건

1) PB_2PB_4/ON이고, PB_1PB_3/OFF일 때 $LAMP_1$이 점등된다.
2) $PB_1PB_2PB_4/ON$이고, PB_3/OFF일 때 $LAMP_1$이 점등된다.
3) PB_2PB_3/ON이고, PB_1PB_4/OFF일 때 $LAMP_1$이 점등된다.
4) $PB_1PB_2PB_3/ON$이고, PB_4/OFF일 때 $LAMP_1$이 점등된다.
5) PB_1/ON이고, $PB_2PB_3PB_4/OFF$일 때 $LAMP_2$가 점등된다.
6) PB_1PB_4/ON이고, PB_2PB_3/OFF일 때 $LAMP_2$가 점등된다.
7) $PB_1PB_3PB_4/ON$이고, PB_2/OFF일 때 $LAMP_2$가 점등된다.
8) PB_1PB_3/ON이고, PB_2PB_4/OFF일 때 $LAMP_2$가 점등된다.

(1) 동작표

PB_1	PB_2	PB_3	PB_4	$LAMP_1$	$LAMP_2$
0	0	0	0		
0	0	0	1		
0	0	1	0		
0	0	1	1		
0	1	0	0		
0	1	0	1	①	
0	1	1	0	①	
0	1	1	1		
1	0	0	0		①
1	0	0	1		①
1	0	1	0		①
1	0	1	1		①
1	1	0	0		
1	1	0	1	①	
1	1	1	0	①	
1	1	1	1		

(2) 카르노 맵

※ $LAMP_1$

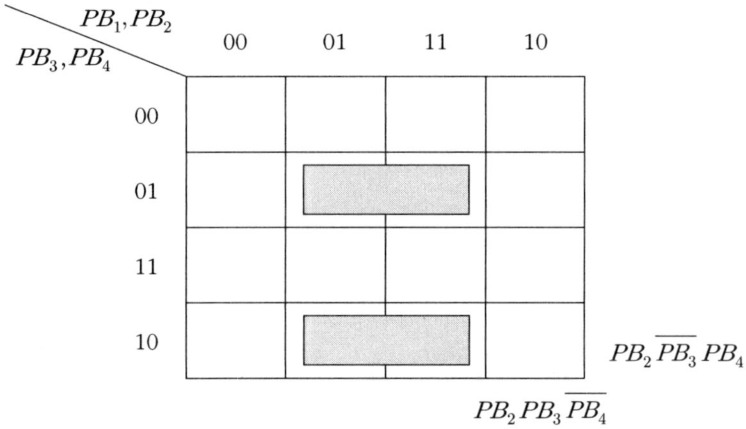

※ $LAMP_2$

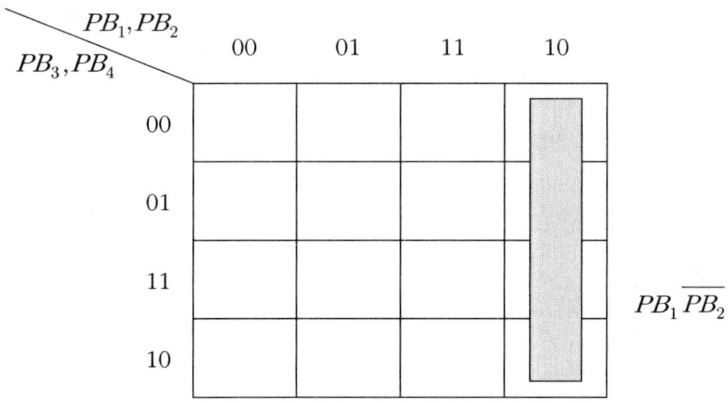

(3) 논리식

$$LAMP_1 = PB_2\overline{PB_3}PB_4 + PB_2PB_3\overline{PB_4}$$

$$= PB_2(\overline{PB_3}PB_4 + PB_3\overline{PB_4}) = PB_2(PB_3 \oplus PB_4)$$

$$LAMP_2 = PB_1\overline{PB_2}$$

(4) 유접점회로(시퀀스도)

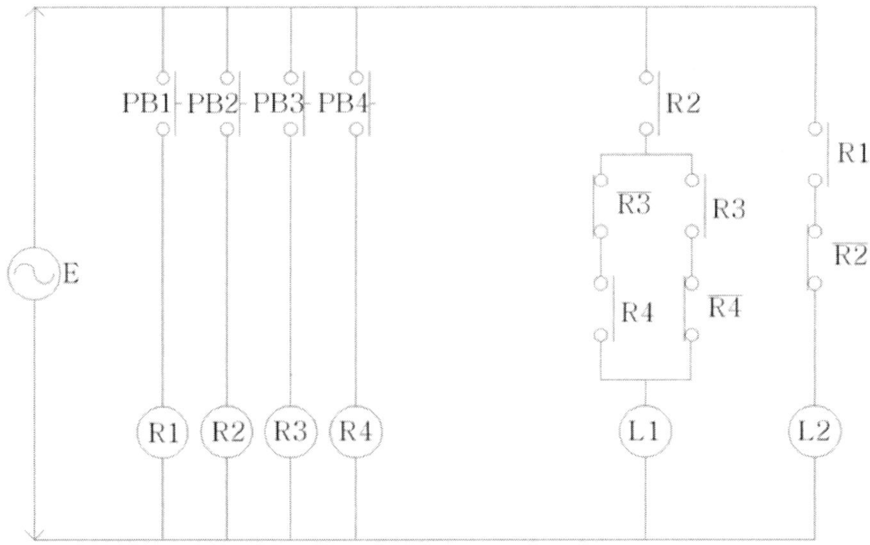

(5) 무접점회로(논리회로도)

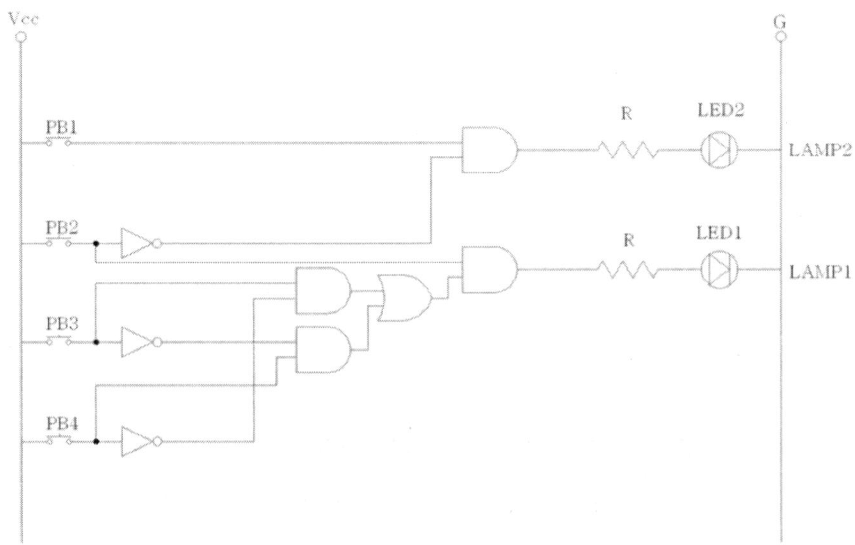

실습과제 3 PB_1, PB_2, PB_3 3개의 입력 스위치가 있다. 이들이 다음과 같이 동작할 때 회로를 설계하라.

동작조건

1) $PB_1 PB_2/ON$이고, PB_3/OFF일 때 $LAMP_1$이 점등된다.
2) PB_1/ON이고, $PB_2 PB_3/OFF$일 때 $LAMP_1$이 점등된다.
3) PB_3/ON이고, $PB_1 PB_2/OFF$일 때 $LAMP_1$이 점등된다.
4) $PB_2 PB_3/ON$이고, PB_1/OFF일 때 $LAMP_1$이 점등된다.
5) PB_2/ON이고, $PB_1 PB_3/OFF$일 때 $LAMP_2$가 점등된다.
6) $PB_1 PB_2 PB_3/ON$일 때 $LAMP_2$가 점등된다.
7) $PB_1 PB_3/ON$이고, PB_2/OFF일 때 $LAMP_2$가 점등된다.

(1) 동작표

PB_1	PB_2	PB_3	$LAMP_1$	$LAMP_2$
0	0	0		
0	0	1	①	
0	1	0		①
0	1	1	①	
1	0	0	①	
1	0	1		①
1	1	0	①	
1	1	1		①

(2) 카르노 맵

※ $LAMP_1$

PB_3 \ PB_1,PB_2	00	01	11	10
0			①	①
1	①	①		

$PB_1\overline{PB_3}$

$PB_1\overline{PB_3}$

※ $LAMP_2$

PB_3 \ PB_1,PB_2	00	01	11	10
0		①		
1			①	①

$\overline{PB_1}PB_2\overline{PB_3}$

PB_1PB_3

(3) 논리식

$$LAMP_1 = PB_1\overline{PB_3} + \overline{PB_1}\,PB_3$$

$$LAMP_2 = \overline{PB_1}\,PB_2\overline{PB_3} + PB_1PB_3$$

(4) 유접점회로(시퀀스도)

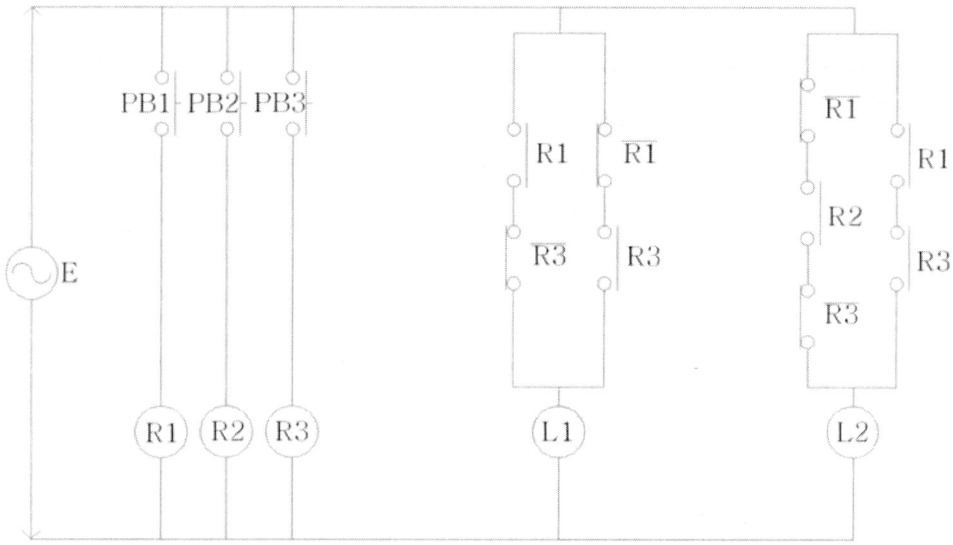

(5) 무접점회로(논리회로도)

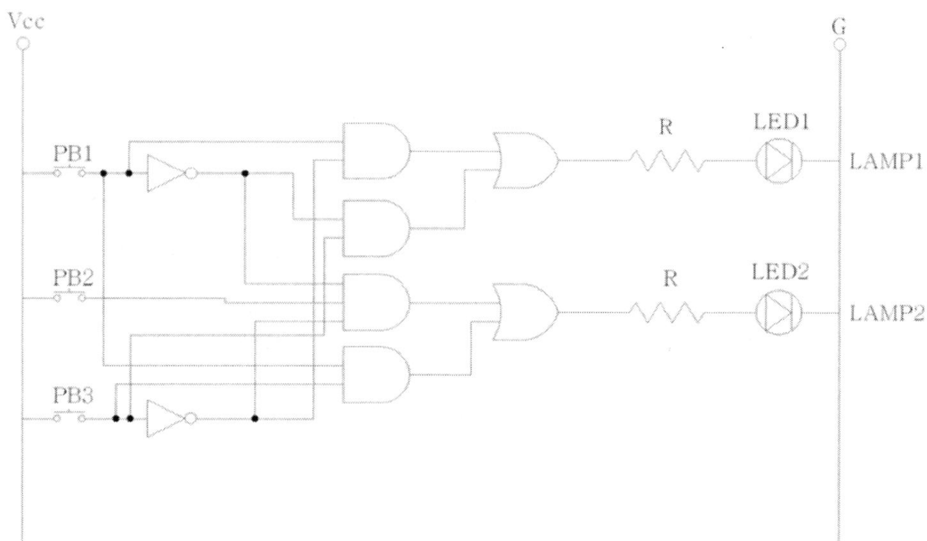

실습과제 4

PB_1, PB_2, PB_3 3개의 입력 스위치가 있다. 이들이 다음과 같이 동작할 때 회로를 설계하라.

동작조건

1) $PB_1 PB_2 / ON$이고, PB_3 / OFF일 때 $LAMP_1$이 점등된다.
2) PB_3 / ON이고, $PB_1 PB_2 / OFF$일 때 $LAMP_1$이 점등된다.
3) $PB_1 PB_2 PB_3 / ON$일 때 $LAMP_1$이 점등된다.
4) PB_2 / ON이고, $PB_1 PB_3 / OFF$일 때 $LAMP_2$이 점등된다.
5) PB_1 / ON이고, $PB_2 PB_3 / OFF$일 때 $LAMP_2$이 점등된다.
6) $PB_3 PB_2 / ON$이고, PB_1 / OFF일 때 $LAMP_2$이 점등된다.
7) $PB_1 PB_3 / ON$이고, PB_2 / OFF일 때 $LAMP_2$이 점등된다.

(1) 동작표

PB_1	PB_2	PB_3	$LAMP_1$	$LAMP_2$
0	0	0		
0	0	1	①	
0	1	0		①
0	1	1		①
1	0	0		①
1	0	1		①
1	1	0	①	
1	1	1	①	

(2) 카르노 맵

※ $LAMP_1$

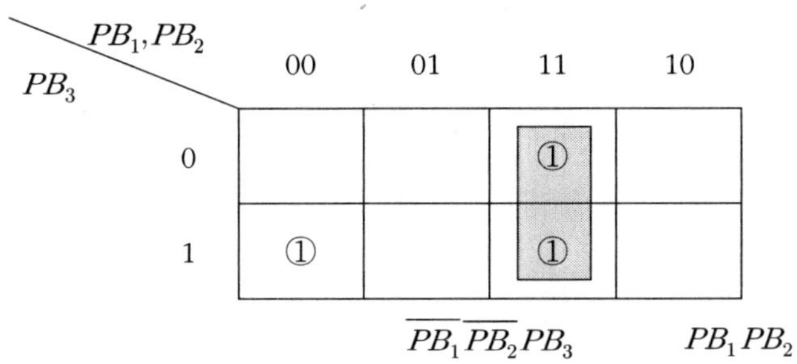

※ $LAMP_2$

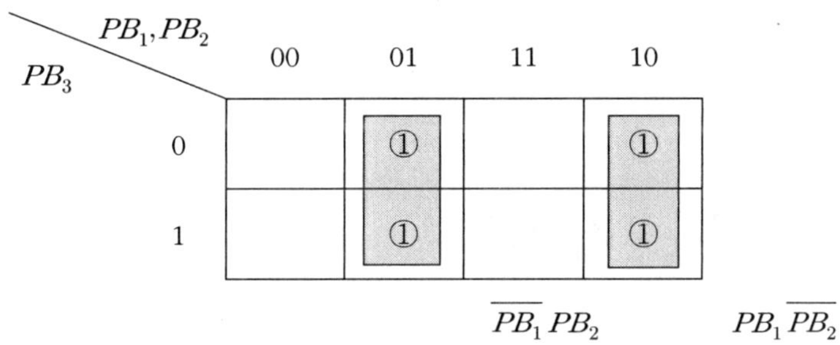

(3) 논리식

$$LAMP_1 = \overline{PB_1}\,\overline{PB_2}\,PB_3 + PB_1\,PB_2$$

$$LAMP_2 = \overline{PB_1}\,PB_2 + PB_1\,\overline{PB_2} = PB_1 \oplus PB_2$$

(4) 유접점회로(시퀀스도)

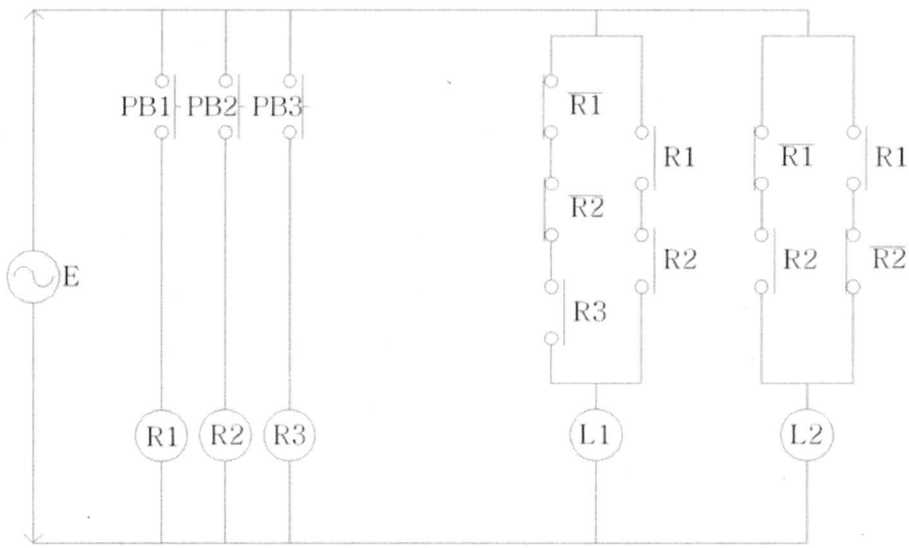

(5) 무접점회로(논리회로도)

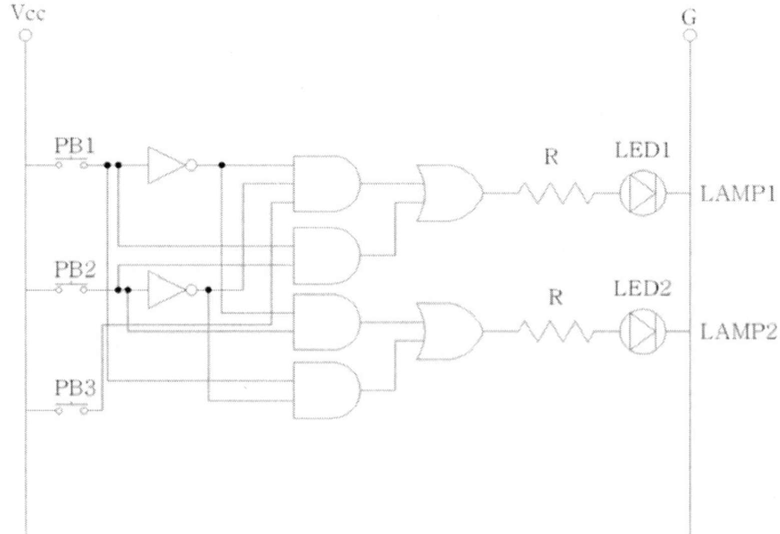

실습과제 5 PB_1, PB_2, PB_3, PB_4 4개의 입력 스위치가 있다. 이들이 다음과 같이 동작할 때 회로를 설계하라.

동작조건

1) PB_4/ON이고, $PB_1PB_2PB_3/OFF$일 때 $LAMP_1$이 점등된다.
2) PB_3PB_4/ON이고, PB_1PB_2/OFF일 때 $LAMP_1$이 점등된다.
3) PB_1PB_4/ON이고, PB_2PB_3/OFF일 때 $LAMP_1$이 점등된다.
4) $PB_1PB_3PB_4/ON$이고, PB_2/OFF일 때 $LAMP_1$이 점등된다.
5) PB_2PB_4/ON이고, PB_1PB_3/OFF일 때 $LAMP_2$이 점등된다.
6) $PB_1PB_2PB_4/ON$이고, PB_3/OFF일 때 $LAMP_2$이 점등된다.
7) $PB_2PB_3PB_4/ON$이고, PB_1/OFF일 때 $LAMP_2$이 점등된다.
8) $PB_1PB_2PB_3PB_4/ON$일 때 $LAMP_2$이 점등된다.

(1) 동작표

PB_1	PB_2	PB_3	PB_4	$LAMP_1$	$LAMP_2$
0	0	0	0		
0	0	0	1	①	
0	0	1	0		
0	0	1	1	①	
0	1	0	0		
0	1	0	1		①
0	1	1	0		
0	1	1	1		①
1	0	0	0		
1	0	0	1	①	
1	0	1	0		
1	0	1	1	①	
1	1	0	0		
1	1	0	1		①
1	1	1	0		
1	1	1	1		①

(2) 카르노 맵

※ $LAMP_1$

PB_3, PB_4 \ PB_1, PB_2	00	01	11	10
00				
01	①			①
11	①			①
10				

$\overline{PB_2}\,PB_4$

※ $LAMP_2$

PB_3, PB_4 \ PB_1, PB_2	00	01	11	10
00				
01		①	①	
11		①	①	
10				

$PB_2\,PB_4$

(3) 논리식

$$LAMP_1 = \overline{PB_2}\,PB_4$$

$$LAMP_2 = PB_2\,PB_4$$

(4) 유접점회로(시퀀스도)

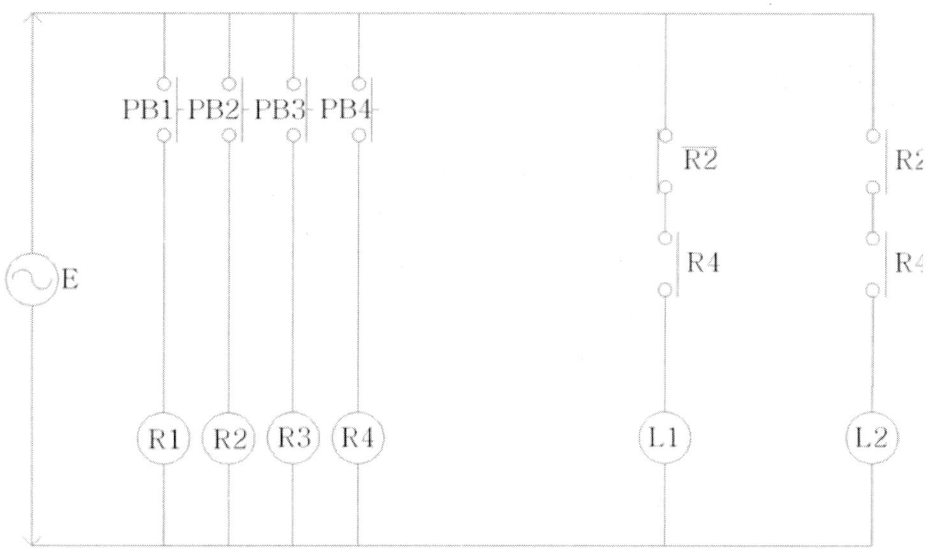

(5) 무접점회로(논리회로도)

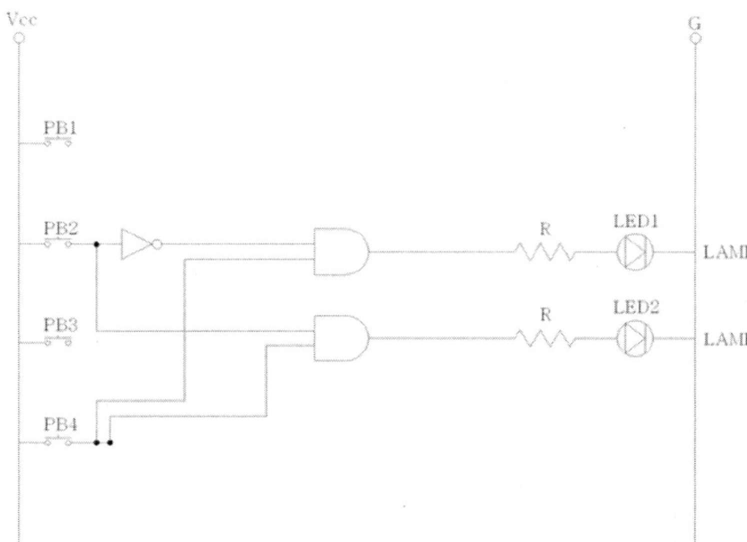

※ 상기 회로(유접점회로, 무접점회로)에서는 PB_1, R_1, PB_3, R_3는 생략해서 도면을 작성하여도 무방하다.

실습과제 6 PB_1, PB_2, PB_3, PB_4 4개의 입력 스위치가 있다. 이들이 다음과 같이 동작할 때 회로를 설계하라.

동작조건

1) $PB_1 PB_2 / ON$이고, $PB_3 PB_4 / OFF$일 때 $LAMP_1$이 점등된다.
2) PB_1 / ON이고, $PB_2 PB_3 PB_4 / OFF$일 때 $LAMP_1$이 점등된다.
3) $PB_1 PB_2 PB_4 / ON$이고, PB_3 / OFF일 때 $LAMP_1$이 점등된다.
4) $PB_1 PB_4 / ON$이고, $PB_3 PB_2 / OFF$일 때 $LAMP_1$이 점등된다.
5) $PB_3 PB_4 / ON$이고, $PB_1 PB_2 / OFF$일 때 $LAMP_2$이 점등된다.
6) $PB_2 PB_3 PB_4 / ON$이고, PB_1 / OFF일 때 $LAMP_2$이 점등된다.
7) PB_3 / ON이고, $PB_1 PB_2 PB_4 / OFF$일 때 $LAMP_2$이 점등된다.
8) $PB_2 PB_3 / ON$이고, $PB_1 PB_4 / OFF$일 때 $LAMP_2$이 점등된다.

(1) 동작표

PB_1	PB_2	PB_3	PB_4	$LAMP_1$	$LAMP_2$
0	0	0	0		
0	0	0	1		
0	0	1	0		①
0	0	1	1		①
0	1	0	0		
0	1	0	1		
0	1	1	0		①
0	1	1	1		①
1	0	0	0	①	
1	0	0	1	①	
1	0	1	0		
1	0	1	1		
1	1	0	0	①	
1	1	0	1	①	
1	1	1	0		
1	1	1	1		

(2) 카르노 맵

※ $LAMP_1$

PB_3,PB_4 \ PB_1,PB_2	00	01	11	10
00			①	①
01			①	①
11				
10				

$PB_1\overline{PB_3}$

※ $LAMP_2$

PB_3,PB_4 \ PB_1,PB_2	00	01	11	10
00				
01				
11	①	①		
10	①	①		

$\overline{PB_1}PB_3$

(3) 논리식

$LAMP_1 = PB_1\overline{PB_3}$

$LAMP_2 = \overline{PB_1}PB_3$

(4) 유접점회로(시퀀스도)

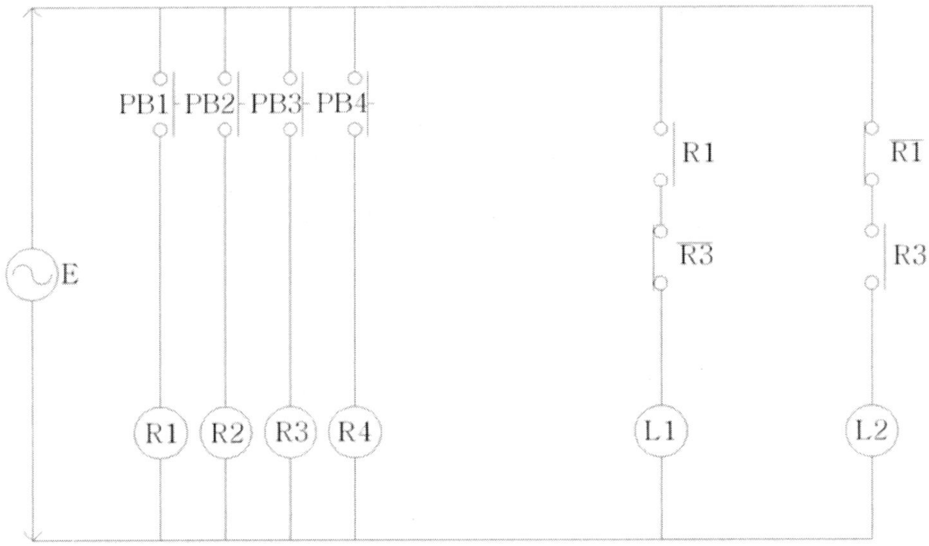

(5) 무접점회로(논리회로도)

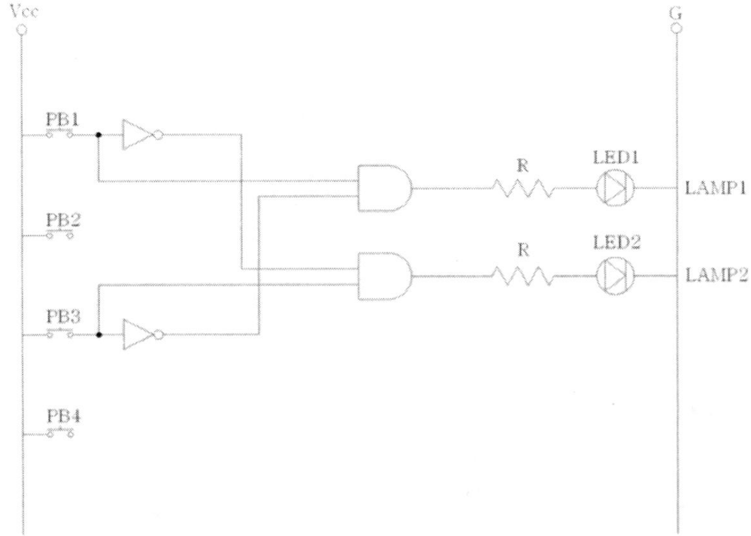

※ 상기 회로(유접점회로, 무접점회로)에서는 PB_2, R_2, PB_4, R_4는 생략해서 도면을 작성하여도 무방하다.

실습과제 7 PB_1, PB_2, PB_3 3개의 입력 스위치가 있다. 이들이 다음과 같이 동작할 때 회로를 설계하라.

동작조건

1) $PB_1, PB_2 / ON$이고, PB_3 / OFF일 때 $LAMP_1$이 점등된다.
2) $PB_1, PB_3 / ON$이고, PB_2 / OFF일 때 $LAMP_1$이 점등된다.
3) $PB_2, PB_3 / ON$이고, PB_1 / OFF일 때 $LAMP_1$이 점등된다.
4) PB_1 / ON이고, $PB_2, PB_3 / OFF$일 때 $LAMP_2$가 점등된다.
5) PB_2 / ON이고, $PB_1, PB_3 / OFF$일 때 $LAMP_2$가 점등된다.
6) PB_3 / ON이고, $PB_1, PB_2 / OFF$일 때 $LAMP_2$가 점등된다.
7) $PB_1, PB_2, PB_3 / ON$일 때 $LAMP_2$가 점등된다.

(1) 동작표

PB_1	PB_2	PB_3	$LAMP_1$	$LAMP_2$
0	0	0		
0	0	1		①
0	1	0		①
0	1	1	①	
1	0	0		①
1	0	1	①	
1	1	0	①	
1	1	1		①

(2) 카르노 맵

※ $LAMP_1$

PB_3 \ PB_1, PB_2	00	01	11	10
0			①	
1		①		①

$PB_1PB_2\overline{PB_3}$

$\overline{PB_1}PB_2PB_3$ $\quad PB_1\overline{PB_2}PB_3$

※ $LAMP_2$

PB_3 \ PB_1, PB_2	00	01	11	10
0		①		①
1	①		①	

$PB_1\overline{PB_2}\,\overline{PB_3}$

$\overline{PB_1}\,\overline{PB_2}PB_3$ $\quad PB_1PB_2PB_3$ $\quad \overline{PB_1}PB_2\overline{PB_3}$

(3) 논리식

$$
\begin{aligned}
LAMP_1 &= PB_1PB_2\overline{PB_3} + \overline{PB_1}PB_2PB_3 + PB_1\overline{PB_2}PB_3 \\
&= PB_2(PB_1\overline{PB_3} + \overline{PB_1}PB_3) + PB_1\overline{PB_2}PB_3 \\
LAMP_2 &= \overline{PB_1}PB_2\overline{PB_3} + PB_1\overline{PB_2}\,\overline{PB_3} + \overline{PB_1}\,\overline{PB_2}PB_3 + PB_1PB_2PB_3 \\
&= \overline{PB_3}(\overline{PB_1}PB_2 + PB_1\overline{PB_2}) + PB_3(\overline{PB_1}\,\overline{PB_2} + PB_1PB_2)
\end{aligned}
$$

(4) 유접점회로(시퀀스도)

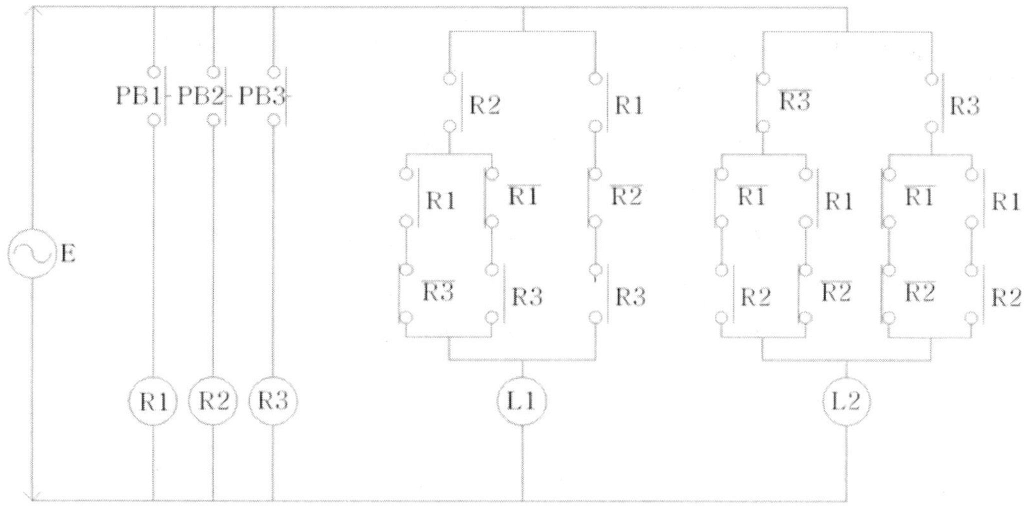

(5) 무접점회로(논리회로도)

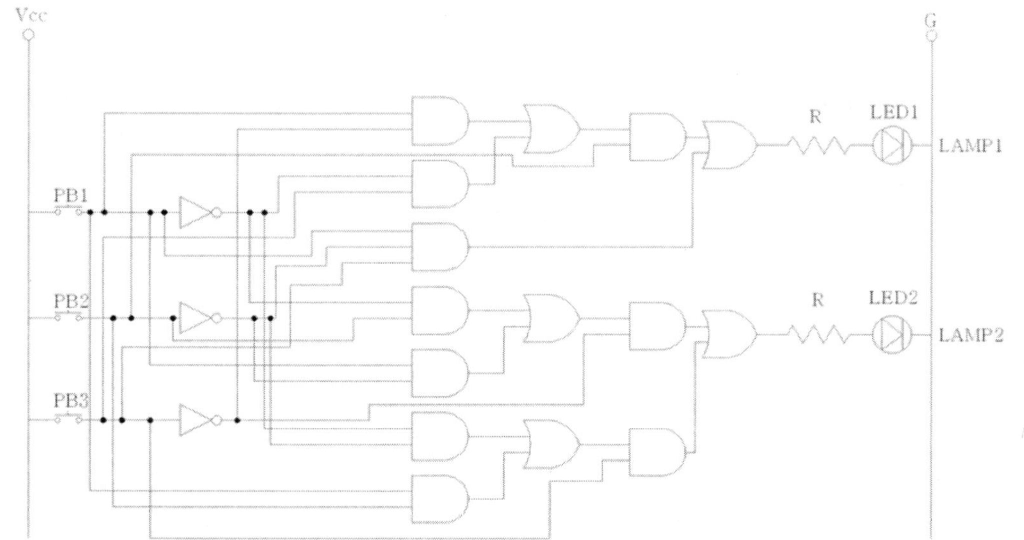

실습과제 8 PB_1, PB_2, PB_3, PB_4 4개의 입력 스위치가 있다. 이들이 다음과 같이 동작할 때 회로를 설계하라.

동작조건

1) PB_1/ON이고, $PB_2 PB_3 PB_4/OFF$일 때 $LAMP_1$이 점등된다.
2) PB_2/ON이고, $PB_1 PB_3 PB_4/OFF$일 때 $LAMP_1$이 점등된다.
3) PB_3/ON이고, $PB_1 PB_2 PB_4/OFF$일 때 $LAMP_1$이 점등된다.
4) PB_4/ON이고, $PB_1 PB_2 PB_3/OFF$일 때 $LAMP_1$가 점등된다.
5) $PB_1 PB_2/ON$이고, $PB_3 PB_4/OFF$일 때 $LAMP_2$가 점등된다.
6) $PB_2 PB_3/ON$이고, $PB_1 PB_4/OFF$일 때 $LAMP_2$가 점등된다.
7) $PB_3 PB_4/ON$이고, $PB_1 PB_2/OFF$일 때 $LAMP_2$가 점등된다.
8) $PB_1 PB_4/ON$이고, $PB_2 PB_3/OFF$일 때 $LAMP_2$이 점등된다.
9) $PB_1 PB_2 PB_3/ON$이고, PB_4/OFF일 때 $LAMP_3$가 점등된다.
10) $PB_2 PB_3 PB_4/ON$이고, PB_1/OFF일 때 $LAMP_3$가 점등된다.
11) $PB_3 PB_4 PB_1/ON$이고, PB_2/OFF일 때 $LAMP_3$가 점등된다.
12) $PB_4 PB_1 PB_2/ON$이고, PB_3/OFF일 때 $LAMP_3$가 점등된다.

(1) 동작표

PB_1	PB_2	PB_3	PB_4	$LAMP_1$	$LAMP_2$	$LAMP_3$
0	0	0	0			
0	0	0	1	①		
0	0	1	0	①		
0	0	1	1		①	
0	1	0	0	①		
0	1	0	1			
0	1	1	0		①	
0	1	1	1			①
1	0	0	0	①		
1	0	0	1		①	
1	0	1	0			

PB_1	PB_2	PB_3	PB_4	$LAMP_1$	$LAMP_2$	$LAMP_3$
1	0	1	1			①
1	1	0	0		①	
1	1	0	1			①
1	1	1	0			①
1	1	1	1			

(2) 카르노 맵

※ $LAMP_1$

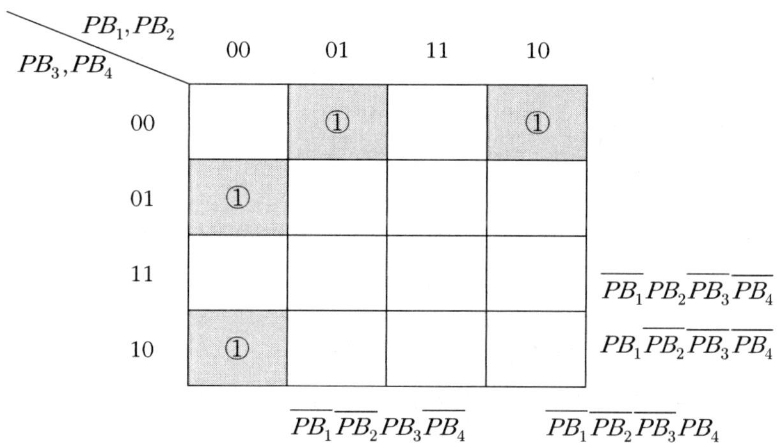

※ $LAMP_2$

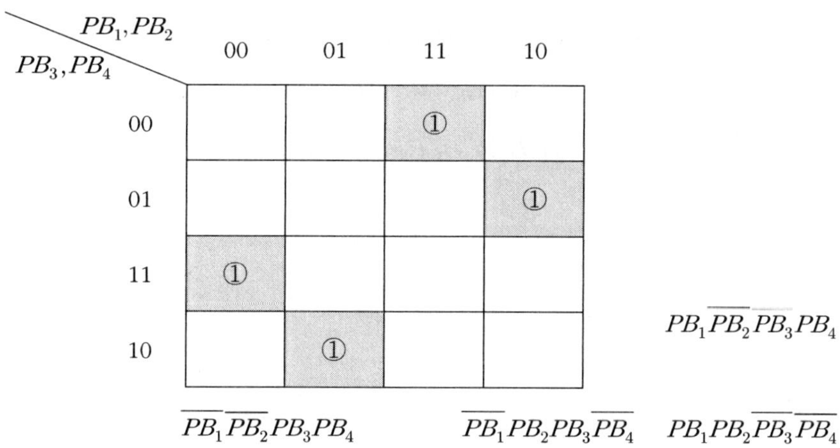

※ $LAMP_3$

PB_3,PB_4 \ PB_1,PB_2	00	01	11	10
00				
01			①	
11		①		①
10			①	

$PB_1PB_2\overline{PB_3}PB_4$

$\overline{PB_1}PB_2PB_3PB_4$ $PB_1PB_2PB_3\overline{PB_4}$ $PB_1\overline{PB_2}PB_3PB_4$

(3) 논리식

$$LAMP_1 = \overline{PB_1}\,PB_2\,\overline{PB_3}\,\overline{PB_4} + PB_1\,\overline{PB_2}\,\overline{PB_3}\,\overline{PB_4} + \overline{PB_1}\,\overline{PB_2}\,\overline{PB_3}\,PB_4 + \overline{PB_1}\,\overline{PB_2}\,PB_3\,\overline{PB_4}$$

$$= \overline{PB_3}\,\overline{PB_4}(\overline{PB_1}\,PB_2 + PB_1\,\overline{PB_2}) + \overline{PB_1}\,\overline{PB_2}(\overline{PB_3}\,PB_4 + PB_3\,\overline{PB_4})$$

$$LAMP_2 = PB_1\,PB_2\,\overline{PB_3}\,\overline{PB_4} + PB_1\,\overline{PB_2}\,\overline{PB_3}\,PB_4 + \overline{PB_1}\,\overline{PB_2}\,PB_3\,PB_4 + \overline{PB_1}\,PB_2\,PB_3\,\overline{PB_4}$$

$$= PB_1\,\overline{PB_3}(PB_2\,\overline{PB_4} + \overline{PB_2}\,PB_4) + \overline{PB_1}\,PB_3(\overline{PB_2}\,PB_4 + PB_2\,\overline{PB_4})$$

$$LAMP_3 = PB_1\,PB_2\,\overline{PB_3}\,PB_4 + \overline{PB_1}\,PB_2\,PB_3\,PB_4 + PB_1\,\overline{PB_2}\,PB_3\,PB_4 + PB_1\,PB_2\,PB_3\,\overline{PB_4}$$

$$= PB_2\,PB_4(PB_1\,\overline{PB_3} + \overline{PB_1}\,PB_3) + PB_1\,PB_3(\overline{PB_2}\,PB_4 + PB_2\,\overline{PB_4})$$

(4) 유접점회로(시퀀스도)

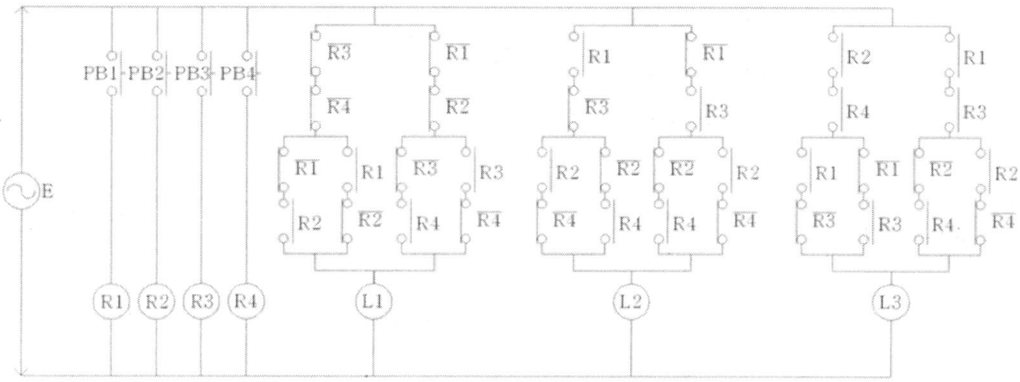

(5) 무접점회로(논리회로도)

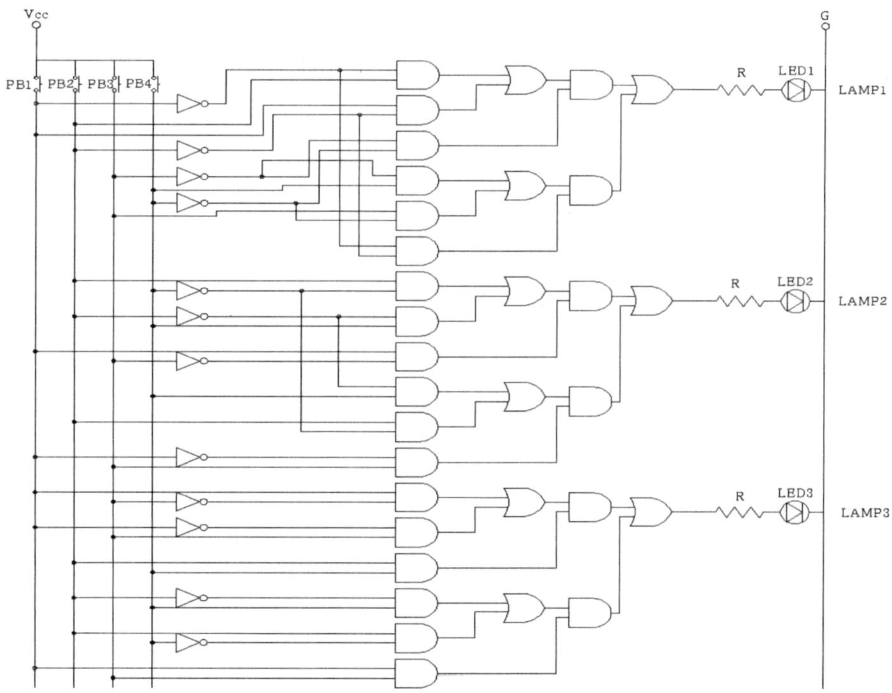

실습과제 9

입력으로 사용되는 센서(sensor) 4개가 있다. 동작조건에 따라, 출력으로 이용된 3상유도전동기가 정회전, 역회전하는 자동화 기계를 제작하고자 한다. 센서가 다음과 같은 동작조건에 만족하는 전기회로(plc회로)를 설계하라(단, PB/ON 스위치는 동작대기 LAMP가 구동되도록 하고, PB/OFF 스위치는 기계가 동작 중 STOP하도록 회로를 구성할 것).

동작조건

1) $SENSOR_1/ON$이고, $SENSOR_{2,3,4}/OFF$일 때 전동기가 정회전한다.
2) $SENSOR_2/ON$이고, $SENSOR_{1,3,4}/OFF$일 때 전동기가 정회전한다.
3) $SENSOR_3/ON$이고, $SENSOR_{1,2,4}/OFF$일 때 전동기가 정회전한다.
4) $SENSOR_4/ON$이고, $SENSOR_{1,2,3}/OFF$일 때 전동기가 정회전한다.
5) $SENSOR_{1,2}/ON$이고, $SENSOR_{3,4}/OFF$일 때 전동기가 역회전한다.
6) $SENSOR_{2,3}/ON$이고, $SENSOR_{1,4}/OFF$일 때 전동기가 역회전한다.
7) $SENSOR_{3,4}/ON$이고, $SENSOR_{1,2}/OFF$일 때 전동기가 역회전한다.
8) $SENSOR_{1,4}/ON$이고, $SENSOR_{2,3}/OFF$일 때 전동기가 역회전한다.

(1) 동작표

$SENSOR_1$	$SENSOR_2$	$SENSOR_3$	$SENSOR_4$	정회전	역회전
0	0	0	0		
0	0	0	1	①	
0	0	1	0	①	
0	0	1	1		①
0	1	0	0	①	
0	1	0	1		
0	1	1	0		①
0	1	1	1		
1	0	0	0	①	
1	0	0	1		①
1	0	1	0		
1	0	1	1		
1	1	0	0		①
1	1	0	1		
1	1	1	0		
1	1	1	1		

(2) 카르노 맵

※ 정회전

S_3, S_4 \ S_1, S_2	00	01	11	10
00		①		①
01	①			
11				
10	①			

$S_1, \overline{S_2}, \overline{S_3}, \overline{S_4}$

$\overline{S_1}, S_2, \overline{S_3}, \overline{S_4}$

$\overline{S_1}, \overline{S_2}, S_3, \overline{S_4}$ $\overline{S_1}, \overline{S_2}, \overline{S_3}, S_4$

※ 역회전

S_3, S_4 \ S_1, S_2	00	01	11	10
00			①	
01				①
11	①			
10		①		

$S_1, S_2, \overline{S_3}, \overline{S_4}$

$S_1, \overline{S_2}, \overline{S_3}, S_4$

$\overline{S_1}, \overline{S_2}, S_3, S_4$

$\overline{S_1}, S_2, S_3, \overline{S_4}$

(3) 논리식

$$\text{정회전} = \overline{S_1}\,S_2\,\overline{S_3}\,\overline{S_4} + S_1\,\overline{S_2}\,\overline{S_3}\,\overline{S_4} + \overline{S_1}\,\overline{S_2}\,\overline{S_3}\,S_4 + \overline{S_1}\,\overline{S_2}\,S_3\,\overline{S_4}$$
$$= \overline{S_3}\,\overline{S_4}(\overline{S_1}\,S_2 + S_1\,\overline{S_2}) + \overline{S_1}\,\overline{S_2}(\overline{S_3}\,S_4 + S_3\,\overline{S_4})$$

$$\text{역회전} = S_1\,S_2\,\overline{S_3}\,\overline{S_4} + S_1\,\overline{S_2}\,\overline{S_3}\,S_4 + \overline{S_1}\,\overline{S_2}\,S_3\,S_4 + \overline{S_1}\,S_2\,S_3\,\overline{S_4}$$
$$= S_1\,\overline{S_3}(S_2\,\overline{S_4} + \overline{S_2}\,S_4) + \overline{S_1}\,S_3(\overline{S_2}\,S_4 + S_2\,\overline{S_4})$$

(4) 유접점회로(시퀀스도)

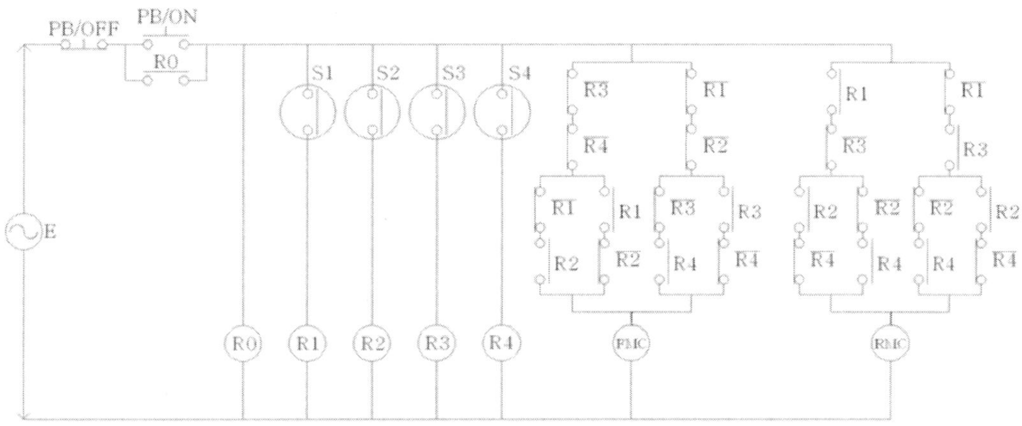

※ 전동기의 정회전(FORWARD), 역회전(REVERSE)의 INTERFACE회로

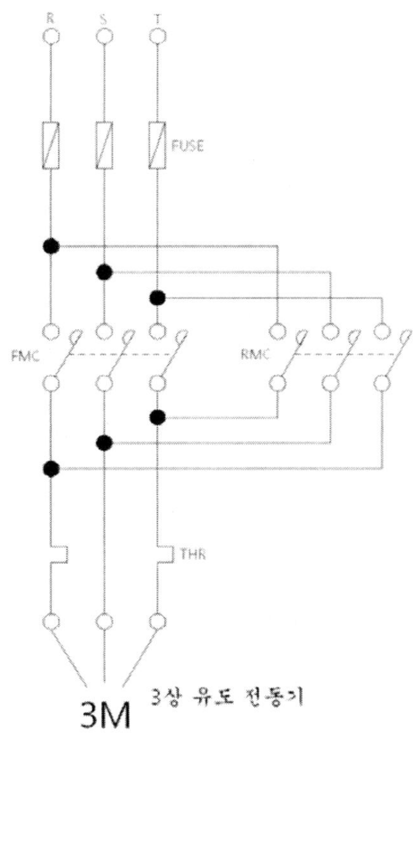

(5) 무접점회로(논리회로도)

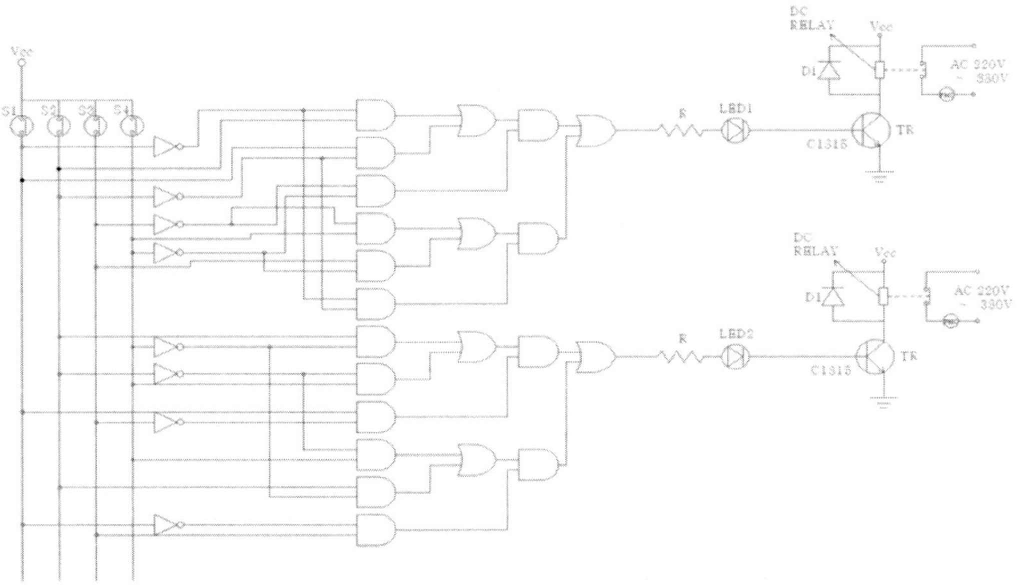

실용디지털공학

2012년 3월 10일 1판 1쇄 발행

저 자 원규식 · 배영호 · 전재일 임양구 · 김태원

발행인 남 승 우

발행처 도서출판 상尙 학學 당堂

서울시 동작구 사당로9가길 6(사당동 220-43)

TEL : 02) 595-1692 ~ 4

FAX : 02) 595-1394

E-mail : namdoo6@unitel.co.kr

신고 : 2-155호 (1968. 11. 29)

정가 22,000원

ISBN 978-89-6587-048-7 93560

〈디자인〉 편집 이선경 / 표지 나아기획